Boden und Energiewende

Springer Fachmedien Wiesbaden (Hrsg.)

Boden und Energiewende

Trassenbau, Erdverkabelung
und Erdwärme

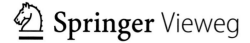

Herausgeber
Springer Fachmedien Wiesbaden
Wiesbaden, Deutschland

ISBN 978-3-658-12166-2   ISBN 978-3-658-12167-9 (eBook)
DOI 10.1007/978-3-658-12167-9

Die Deutsche Nationalbibliothek verzeichnet diese Publikation in der Deutschen Nationalbibliografie; detaillierte bibliografische Daten sind im Internet über http://dnb.d-nb.de abrufbar.

Springer Vieweg
© Springer Fachmedien Wiesbaden 2015
Gedruckt auf säurefreiem und chlorfrei gebleichtem Papier

Springer Fachmedien Wiesbaden ist Teil der Fachverlagsgruppe Springer Science+Business Media
(www.springer.com)

Autorenverzeichnis

Dr. Ulrich Dehner

Herr Dr. Ulrich Dehner studierte an der Universität Mainz Geographie, Geologie, Botanik und Bodenkunde. Er promovierte im Bereich Geochemie zu geogenen Hintergrundwerten von Spurenelementen in Auensedimenten.

Im Zuge seiner Tätigkeit am Landesamt für Geologie und Bergbau des Landes Rheinland-Pfalz beschäftigt er sich seit dem Jahr 2015 mit der Geothermie von Böden und den Flächendaten der bodenkundlichen Landesaufnahme an der Abteilung Boden/Grundwasser und nimmt die fachliche Leitung des bodenphysikalischen Labors wahr.

Dr. Norbert Feldwisch

Herr Dr. Norbert Feldwisch studierte Agrarwissenschaften in Bonn und Gießen und vertiefte sich in den Fachrichtungen Umweltsicherung und Entwicklung ländlicher Räume. Er promovierte über Bodenerosion und Hangneigung. Seit 1997 betreibt er das Ingenieurbüro Feldwisch mit den Arbeitsschwerpunkten Bodenschutz, Altlasten, Gewässerschutz und Landentwicklung. Herr Feldwisch ist Sachverständiger für Bodenschutz und Altlasten, seit dem Jahr 2010 Vizepräsident des Bundesverbands Boden und Mitautor am BVB-Merkblatt zur Bodenkundlichen Baubegleitung.

Dr. Ursula Heimann

Frau Dr. Ursula Heimann, LL.M, ist Expertin für Umweltrecht und an der Bundesnetzagentur tätig. Dort beschäftigt sie sich mit Rechtsfragen und Zulassungsverfahren. Der Beitrag in diesem Band gibt ausdrücklich ihre persönliche Auffassung wieder.

Dr. Kirsten Madena

Frau Dr. Kirsten Madena studierte in Braunschweig Geoökologie und promovierte zu einem bodenhydrologischen Thema an der Universität Oldenburg. Sie arbeitete einige Jahre im Bereich Bodenschutz und Bodenfunktionsbewertung und ist seit 2012 an der Landwirtschaftskammer Niedersachsen tätig, wo sie Internationale Projekte (Dezentrale Energielandschaften Niederlande-Deutschland) koordiniert und Aufgaben zur nicht-stofflichem, Bodenschutz, Wasser- und Gewässerschutz wahrnimmt.

1

Dr. Martin Sabel

Dr. Martin Sabel studierte Geologie an der Universität zu Bonn und promovierte im Fachbereich Mineralogie. Am Landesamt für Umwelt, Naturschutz und Geologie des Landes Mecklenburg-Vorpommern war er als Projektleiter zum Umweltmonitoring an der Ostsee zuständig, war als Wissenschaftler an der Bundesanstalt für Materialforschung und Prüfung tätig. Als Referent vertrat er den Bereich Geothermie im Bundesverband Wärmepumpe e. V. und ist seit dem Jahr 2014 stellvertretender Geschäftsführer des Verbandes.

Dr. Steffen Trinks

Herr Dr. Steffen Trinks studierte Technischen Umweltschutz an der TU Berlin und promovierte über physikalische Eigenschaften urbaner Böden unter besonderer Berücksichtigung des Einflusses von Trümmerschutt auf den Wasser- und Energiehaushalt. Am Institut für Ökologie der TU Berlin arbeitet er an wissenschaftlichen Fragestellungen zur Dynamik des Bodenwassers und der numerischen Simulation.

Prof. Dr. Gerd Wessolek

Professor Dr. Gerd Wessolek ist Fachgebietsleiter für Standortkunde und Bodenschutz am Institut für Ökologie der TU Berlin. Seine Forschungsschwerpunkte liegen auf dem Gebiet der Bodenphysik, der Modellierung und des Bodenschutzes.

Inhaltsverzeichnis

1 Trassenplanung in Deutschland

Dr. Ursula Heimann

Der Ausbau des Höchstspannungsübertragungsnetzes ist von entscheidender Bedeutung für den Erfolg der Energiewende. Um den notwendigen Netzausbau möglichst zügig und effizient voranzubringen, wurde das Energierecht novelliert. In einem neuen Verfahren wird ermittelt, in welchem Umfang und an welcher Stelle das Höchstspannungsnetz verstärkt und ausgebaut werden muss. Wichtiger Bestandteil des Verfahrens ist es, die mit dem Ausbaubedarf verbundenen voraussichtlichen erheblichen Umweltauswirkungen in einer Strategischen Umweltprüfung (SUP) zum Bundesbedarfsplan zu ermitteln, zu beschreiben und zu bewerten. Daran anschließend finden unterschiedliche Arten von Zulassungsverfahren statt (hierzu 1.2.). Besonders stark in der Diskussion steht aktuell die Frage der Möglichkeit einer Erdverkabelung (hierzu 1.3.). Damit einhergehend geht dieser Beitrag auf die Einbeziehung des Schutzguts Boden in die erforderlichen Umweltprüfungen ein (hierzu 1.4.). Abschließend folgt ein kurzes Fazit (hierzu 1.5.).

1.1 Hintergrund

Die Stromnetzplanung steht vor großen Herausforderungen. Die deutsche Politik hat im Jahr 2011 in breitem politischen Konsens beschlossen, die Energieversorgung in Deutschland grundlegend umzubauen. Acht Kernkraftwerke wurden unmittelbar im Zusammenhang mit den Entscheidungen zur Energiewende stillgelegt. Das letzte Kernkraftwerk in Deutschland wird im Jahr 2022 vom Netz gehen. Gleichzeitig wird der Anteil der erneuerbaren Energien an der Energieversorgung weiter ausgebaut. Ein engpassfreier Transport ist Voraussetzung für die Integration der erneuerbaren Energien und damit der angestrebten Energiewende.[1] Hinzu kommt ein verstärkter grenzüberschreitender Stromhandel. Deutschland ist dabei ein zentrales Stromtransitland in Europa.[2] Die EU fordert eine weitere Optimierung des grenzüberschreitenden Stromhandels.

---

[1] BR-Drs. 342/11, S. 25.

[2] BR-Drs. 819/12, S. 8.

1

Um den politisch beschleunigten Ausstieg aus der Kernenergienutzung und die Beschleunigung des Ausbaus erneuerbarer Energien ohne eine Gefährdung der Versorgungssicherheit
umsetzen zu können, ist ein umfangreicher Ausbau des Stromnetzes unabdingbar.[3]

Die Neuerungen im Zuge der Energiewende führten zu einer grundlegenden Neugestaltung des
Energieplanungsrechts. Für die Übertragungsnetze sind nunmehr verschiedene Zulassungsre-
gime (EnWG, EnLAG, BBPlG, NABEG) einschlägig. Zentrale Elemente des neuen Planungs-
regimes für die Übertragungsnetze sind die Netzentwicklungs- bzw. Bedarfsplanung sowie die
Einführung der Bundesfachplanung. Seit dem Jahr 2011 hat die Bundesnetzagentur Zuständigkeiten im Bereich der Bedarfsermittlung und der Zulassungsverfahren von Höchstspannungsleitungen.

1.2 Verfahren

Abbildung 1-1 zeigt das Verfahren der Stromnetzplanung, welches sich in fünf große Schritte
gliedert: Zunächst ist der energiewirtschaftliche Bedarf festzustellen (Bedarfsplanung). Dies
erfolgt in den Unterschritten des Szenariorahmens, der Netzentwicklungspläne und des Bundesbedarfsplans. Danach folgt die Bundesfachplanung bzw. Raumordnung und zuletzt die
Planfeststellung.

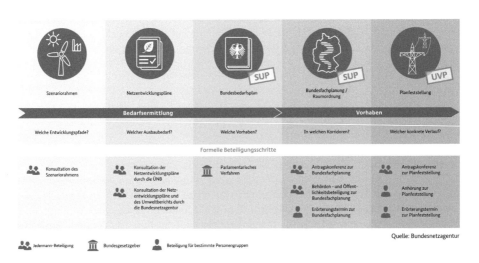

Abb. 1-1 Fünf Schritte des Netzausbaus; Quelle: Bundesnetzagentur.

---

[3] Siehe hierzu bereits das Gutachten des Sachverständigenrats für Umweltfragen (SRU), „Wege zur 100%
erneuerbaren Stromerzeugung", BT-Drs. 17/4890, S. 287 ff. Vgl. auch BR-Drs. 342/11, S. 25.

1.2.1 Bedarfsermittlung

Der Prozess der Bedarfsermittlung[4] beginnt mit der jährlichen Erarbeitung eines gemeinsamen Szenariorahmens durch die Übertragungsnetzbetreiber, der durch die Bundesnetzagentur unter Berücksichtigung der Ergebnisse einer Öffentlichkeitsbeteiligung genehmigt wird. Der Szenariorahmen umfasst mindestens drei Szenarien, die für die nächsten zehn Jahre die Bandbreite wahrscheinlicher Entwicklungen im Rahmen der mittel- und langfristigen energiepolitischen Ziele der Bundesregierung abdecken. Eines der Szenarien muss die wahrscheinliche Entwicklung für die nächsten 20 Jahre darstellen.

Auf Grundlage des genehmigten Szenariorahmens folgt die jährliche Erstellung und Konsultation eines gemeinsamen nationalen Netzentwicklungsplans und eines Offshore-Netzentwicklungsplans durch die Übertragungsnetzbetreiber. Die Pläne enthalten alle wirksamen Maßnahmen zur bedarfsgerechten Optimierung, Verstärkung und zum Ausbau des Netzes beziehungsweise der Offshore-Anbindungsleitungen, die in den nächsten zehn Jahren erforderlich sind. Nach Prüfung und neuerlicher Konsultation werden der Netzentwicklungsplan und der Offshore-Netzentwicklungsplan durch die Bundesnetzagentur unter Berücksichtigung der Ergebnisse der Öffentlichkeitsbeteiligung bestätigt.

In den ersten zwei Durchgängen (Netzentwicklungsplan 2022 und Netzentwicklungsplan 2023) wurden von der Bundesnetzagentur nicht sämtliche von den Übertragungsnetzbetreibern vorgeschlagenen Maßnahmen bestätigt, sondern nur die Vorhaben, die nach derzeitigem Stand auch unter veränderten energiewirtschaftlichen Bedingungen als unverzichtbar angesehen werden. Im aktuell laufenden Prozess der Bedarfsermittlung (Netzentwicklungsplan 2024 und Offshore-Netzentwicklungsplan 2014) werden ebenfalls nicht alle von den Übertragungsnetzbetreibern vorgeschlagenen Maßnahmen als bestätigungsfähig angesehen.[5]

Mindestens alle drei Jahre endet der Prozess mit der Übermittlung der bestätigten Netzentwicklungspläne durch die Bundesnetzagentur an die Bundesregierung als Grundlage für den Entwurf eines Bundesbedarfsplans. Die Bundesregierung legt den Entwurf des Bundesbedarfsplans mindestens alle drei Jahre dem Bundesgesetzgeber vor. Zur Vorbereitung des Bundesbedarfsplans führt die Bundesnetzagentur eine Strategische Umweltprüfung durch. Hierzu erstellt sie frühzeitig während des Verfahrens zur Erarbeitung des Netzentwicklungsplans und des Offshore-Netzentwicklungsplans einen Umweltbericht. Der Bundesbedarfsplan ist ein Fall der obligatorischen Strategischen Umweltprüfung (§ 14b Abs. 1 Nr. 1 UVPG i. V. m. der Anlage 3 Nr. 1.10). In diesem Schritt fließen erstmals die Belange des Bodenschutzes auf einem noch sehr abstrakten Niveau in die Betrachtung ein.[6]

Mit Erlass des Bundesbedarfsplans durch den Bundesgesetzgeber werden für die darin enthaltenen Vorhaben die energiewirtschaftliche Notwendigkeit und der vordringliche Bedarf festgestellt. Das BBPlG trat am 27.07.2013 in Kraft.[7] Es enthält insgesamt 36 Vor-

---

[4] Siehe hierzu BR-Drs. 129/15 vom 27.03.15, S. 13f. Mit dem Entwurf des Gesetzes zur Änderung von Bestimmungen des Rechts des Energieleitungsbaus soll der jährliche Turnus der Netzentwicklungsplanung auf einen zweijährigen Turnus umgestellt werden. In den Zwischenjahren soll es einen Umsetzungsbericht geben.

[5] Bundesnetzagentur, Bedarfsermittlung 2024: Vorläufige Prüfungsergebnisse Netzentwicklungsplan Strom (Zieljahr 2024), abrufbar unter www.netzausbau.de.

[6] Siehe hierzu Abschnitt 1.4.1.

[7] Eine gesetzliche Bedarfsfeststellung gab es zuvor mit dem EnLAG aus dem Jahr 2009. In diesem Gesetz wurden für damals 24 Vorhaben (nunmehr 23 Vorhaben) die energiewirtschaftliche Notwendigkeit

haben[8] mit rund 2.800 km Neubautrassen und rund 2.900 km Optimierungs- und Verstär-kungsmaßnahmen. Verbindlich festgelegt sind die Anfangs- und Endpunkte der Maßnahmen. Der konkrete Verlauf des jeweiligen Vorhabens wird erst in den späteren Stufen der Planung und Zulassung ermittelt. Für die Zulassung von 16 dieser 36 Vorhaben ist die Bundesnetzagentur zuständige Behörde.

Zusätzlich zu dem eigentlichen Bundesbedarfsplan (vgl. Anlage zum BBPlG) enthält das Gesetz Kennzeichnungen, die für die weiteren Verfahrensschritte relevant sind. So werden die länderübergreifenden und grenzüberschreitenden Netzausbauvorhaben identifiziert, auf die grundsätzlich die Regelungen des Netzausbaubeschleunigungsgesetzes Übertragungsnetz gemäß § 2 Abs. 1 NABEG Anwendung finden.

Gesondert gekennzeichnet sind zudem Pilotprojekte für eine verlustarme Übertragung hoher Leistungen über große Entfernungen (Gleichstromübertragungsleitungen – HGÜ) und Pilotprojekte für den Einsatz von Hochtemperaturleiterseilen. Die Übertragungsnetzbetreiber sind verpflichtet der Bundesnetzagentur jährlich über die in ihren Netzen mit Pilotprojekten gewonnen Erfahrungen zu berichten (§ 3 BBPlG).

Der Bundesbedarfsplan ist nicht abschließend. Zum einen bleiben die Regelungen des EnLAG, insbesondere die Festlegung der energiewirtschaftlichen Notwendigkeit und des vordringlichen Bedarfs für die Vorhaben aus dem Bedarfsplan des EnLAG, unberührt. Zum anderen können auch weiterhin Vorhaben realisiert werden, die nicht oder noch nicht Gegenstand des Bundesbedarfsplans oder des Bedarfsplans nach dem EnLAG sind. Für derartige Vorhaben sind insbesondere die energiewirtschaftsrechtliche Notwendigkeit und die Vereinbarkeit mit den Zielen des § 1 EnWG von den zuständigen Planungs- und Genehmigungsbehörden zu prüfen.[9]

1.2.2 Bundesfachplanung und Raumordnung

Das weitere Verfahren richtet sich zunächst nach der Kennzeichnung im BBPlG und damit nach der Zuständigkeit der Behörden.

Mit Inkrafttreten des BBPlG finden die Regelungen des NABEG auf die Errichtung oder Änderung von länderübergreifenden oder grenzüberschreitenden Höchstspannungsleitungen Anwendung (§ 2 Abs. 1 NABEG).[10] Für entsprechend gekennzeichnete Leitungen führt die Bundesnetzagentur die Bundesfachplanung nach den §§ 4 ff. NABEG durch.[11] Die Bundesfachplanung ersetzt für Projekte, die in den Anwendungsbereich des NABEG fallen, die sonst für große Stromleitungsausbauprojekte üblichen Raumordnungsverfahren (§ 28 NABEG), geht aber inhaltlich über Raumordnungsverfahren hinaus. Für alle übrigen Projekte des Übertra-

---

und der vordringliche Bedarf festgestellt. Aktuelle Informationen zu dem aktuellen Stand der Vorhaben des EnLAG finden sich unter www.netzausbau.de/enlag.

[8] Informationen zum aktuellen Stand der Vorhaben siehe www.netzausbau.de/bbplg.

[9] BR-Drs. 819/12, S. 16.

[10] Die Vorschriften des NABEG gelten auch für die Errichtung oder Änderung von Anbindungsleitungen von den Offshore-Windpark-Umspannwerken zu den Netzverknüpfungspunkten an Land, sobald diese in dem Bundesbedarfsplangesetz also solche gekennzeichnet sind.

[11] Einen umfassenden Überblick zur Bundesfachplanung enthält der Leitfaden zur Bundesfachplanung der Bundesnetzagentur, 2012, abrufbar unter www.netzausbau.de/bfp.

gungsnetzausbaus sind wie bislang Raumordnungsverfahren und Planfeststellungsverfahren nach § 1 Nr. 14 RoV, § 15 ROG und § 43 Satz 1 Nr. 1 EnWG durchzuführen.[12]

Insgesamt ähneln sich die Verfahren der Bundesfachplanung und der Raumordnung in vielen Punkten. Es gibt aber wesentliche Unterschiede, wovon an dieser Stelle nur drei kurz hervorgehoben werden sollen: Die Bundesfachplanungsentscheidung ist bindend für das Planfeststellungsverfahren (§ 15 Abs. 1 NABEG). Die Bundesnetzagentur ist nicht an den Antrag des Vorhabenträgers gebunden, so dass auch alternative Trassenkorridore einbezogen werden können (§ 7 Abs. 3 NABEG). Zudem erfolgt eine öffentliche Antragskonferenz (§ 7 Abs. 2 NABEG). Die Bundesnetzagentur hat im August 2012 einen Leitfaden zur Bundesfachplanung erstellt, der einen tiefergehenden Überblick gibt.[13]

Auch in der Bundesfachplanung ist eine Strategische Umweltprüfung durchzuführen (§ 5 Abs. 2 NABEG i. V. m. dem UVPG). Die Strategische Umweltplanung ist ebenfalls für die Bundesfachplanung obligatorisch (§ 14b Abs. 1 Nr. 1 UVPG i. V. m. der Anlage 3 Nr. 1.11). In diesem Schritt fließen erneut die Belange des Bodenschutzes in die Betrachtung der Umweltauswirkungen ein. Hier wird die Betrachtung konkreter als noch auf dem sehr abstrakten Niveau der Bedarfsplanung.[14]

Mit der Bundesfachplanungsentscheidung wird ein raum- und umweltverträglicher Trassenkorridor festgelegt. Die Trassenkorridore sollen eine Breite von ca. 500 bis 1000 Metern haben.[15] Die Trassenkorridore sind Grundlage für die in Abschnitt 3 des NABEG geregelten nachfolgenden Planfeststellungsverfahren. Die Entscheidung über die Bundesfachplanung enthält den Verlauf eines raumverträglichen Trassenkorridors sowie die an Landesgrenzen gelegenen Länderübergangspunkte, eine Bewertung sowie eine zusammenfassende Erklärung der Umweltauswirkungen gemäß den §§ 14k und 14l des Gesetzes über die Umweltverträglichkeitsprüfung des Trassenkorridors sowie das Ergebnis der Prüfung von alternativen Trassenkorridoren. Der Entscheidung ist eine Begründung beizufügen, in der die Raumverträglichkeit im Einzelnen darzustellen ist.

Unter besonderen Voraussetzungen kann die Bundesfachplanung im vereinfachten Verfahren (§ 11 NABEG) durchgeführt werden. Dies ist im Wesentlichen dann der Fall, soweit nach § 14d Satz 1 UVPG eine Strategische Umweltprüfung nicht erforderlich ist und die Ausbaumaßnahme in oder unmittelbar neben der Trasse einer bestehenden Hoch- oder Höchstspannungsleitung bzw. in einem ausgewiesenen Trassenkorridor erfolgt bzw. die Bestandsleitung ersetzt oder ausgebaut werden soll. Die Entscheidung im vereinfachten Verfahren kann auch eine konkrete Trasse enthalten.

Das Raumordnungsverfahren ist ein besonderes förmliches landesplanerisches Verfahren. Gegenstand ist die Prüfung der Raumverträglichkeit raumbedeutsamer Planungen und Maßnahmen i. S. v. § 1 ROG durch die zuständige Landesbehörde (§ 15 Abs. 1 Satz 1 ROG). In die Zuständigkeit der Länder fallen nach wie vor alle Leitungen außerhalb des BBPlG. Zusätzlich sind die Länder zuständig für Vorhaben des BBPlG, die nicht gekennzeichnet wurden, sowie

---

[12] Siehe hierzu K. Fassbender / G. Becker in: H. Posser / K. Fassbender, Praxishandbuch Netzplanung und Netzausbau, 2013, Kap. 2 Rn. 36 ff.

[13] Bundesnetzagentur, Leitfaden zur Bundesfachplanung, 2012, abrufbar unter www.netzausbau.de/bfp.

[14] Siehe hierzu Abschnitt 1.4.2.

[15] BT-Drs. 17/6073, S. 19 und S. 23.

für Vorhaben, die unter die Übergangsvorschrift des § 35 NABEG fallen. Nach § 15 Abs. 1 Satz 1 ROG i. V. m. § 1 Nr. 14 RoV soll für Hochspannungsfreileitungen mit einer Nennspannung von mindestens 110 kV ein Raumordnungsverfahren zur Prüfung der Raumverträglichkeit durchgeführt werden. Erdkabel werden von § 1 Nr. 14 RoV nicht erfasst, die Länder können aber nach § 1 Satz 2 RoV auch für diese die Durchführung eines Raumordnungsverfahrens anordnen. Im Raumordnungsverfahren sind die raumbedeutsamen Auswirkungen der Planung oder Maßnahme unter überörtlichen Gesichtspunkten zu prüfen; insbesondere werden die Übereinstimmung mit den Erfordernissen der Raumordnung und die Abstimmung mit anderen raumbedeutsamen Planungen und Maßnahmen geprüft. Gegenstand der Prüfung sind auch die vom Träger der Planung oder Maßnahme eingeführten Standort- oder Trassenalternativen.

1.2.3 Planfeststellung

Die Festlegung der genauen Trasse erfolgt in der Regel im Planfeststellungsverfahren. Die Zuständigkeiten für die Planfeststellung liegen ebenfalls bei den Ländern und der Bundesnetzagentur. In der am 27. Juli 2013 in Kraft getretenen Planfeststellungszuweisungsverordnung (PlfZV) ist geregelt, dass die Bundesnetzagentur die Planfeststellungsverfahren für die im Bundesbedarfsplangesetz als länderübergreifend oder grenzüberschreitend gekennzeichneten Leitungen durchführt. Maßgeblich für die Planfeststellungsverfahren durch die Bundesnetzagentur sind die Vorschriften des 3. Abschnitts des NABEG. Sofern es sich um Leitungen handelt, die nicht bundesfachgeplant wurden, sind für die Planfeststellungsverfahren nach wie vor die Länder zuständig. Maßgebliche Regelungen für die Länder finden sich in §§ 43 ff. EnWG.

Abschließend wird der Plan durch Planfeststellungsbeschluss festgestellt. Die Planfeststellung beinhaltet die konkrete Vorhabenzulassung.

Im Planfeststellungsverfahren ist eine Umweltverträglichkeitsprüfung durchzuführen. Diese kann gem. § 14d UVPG und § 23 NABEG aufgrund der in der Bundesfachplanung bereits durchgeführten Strategischen Umweltprüfung auf zusätzliche oder andere erhebliche Umwelteinwirkungen beschränkt werden.

Die konkrete Trasse wird innerhalb des durch die Bundesnetzagentur bindend vorgegebenen Trassenkorridors festgelegt, sofern eine Bundesfachplanung erfolgte. Sofern ein Raumordnungsverfahren erfolgte, ist dessen Ergebnis ein in die Abwägung einzustellender Belang.

Der Planfeststellungsbeschluss hat die Funktion einer Standortplanungs- sowie einer Zulassungsentscheidung.[16] Neben der Genehmigungswirkung kommt dem Planfeststellungsbeschluss eine Konzentrationswirkung zu, d. h. durch die Planfeststellung wird die Zulässigkeit des Vorhabens im Hinblick auf alle von ihm berührten öffentliche Belange festgestellt.[17] Andere behördliche Entscheidungen sind nicht erforderlich.[18]

---

[16] BVerwGE 29, 282, 283; Schulte/Apel, DVBl. 2011, 862, 863; Faßbender / Becker in: Posser / Faßbender, Praxishandbuch Netzplanung und Netzausbau, 2013, Kap. 2 Rn. 45; Drygalla-Hein in deWitt / Scheuten, NABEG, 2013, § 24 NABEG, Rn. 39 ff.

[17] Hierzu Nebel / Riese in Steinbach, NABEG, EnLAG, EnWG, 2012, § 43c EnWG Rn. 15 ff.; § 18 NABEG Rn. 160 ff.

[18] Faßbender / Becker in: Posser / Faßbender, Praxishandbuch Netzplanung und Netzausbau, 2013, Kap. 2 Rn. 45; Nebel / Riese in Steinbach, NABEG, EnLAG, EnWG, 2012, § 18 NABEG Rn. 160.

1.3 Erdverkabelung

1

Die Möglichkeit des Einsatzes von Erdkabeln auf Höchstspannungsebene ist aktuell eines der meist diskutierten Themen des Netzausbaus.[19] Immer wieder wird die Forderung vorgebracht, mehr Erdverkabelung in die Planung neuer Trassen einzubeziehen. Die abschnittsweise Erdverkabelung könne die Akzeptanz des Leitungsbauvorhabens vor Ort erhöhen und auf diese Weise die Realisierung des Vorhabens beschleunigen. Dies könne einen kostensenkenden Effekt für Maßnahmen der Übertragungsnetzbetreiber zur Systemstabilisierung zur Folge haben und dadurch die Netzentgelte entlasten.[20] Erdkabel können dazu beitragen, eine größere Flexibilität der Planung zu schaffen.

Allerdings sieht der Gesetzgeber Begrenzungen der Erdverkabelung vor. Nicht für jedes Vorhaben besteht gleichermaßen die Möglichkeit der Zulassung der Erdverkabelung. Abschnitt 1.3.1 erläutert den aktuellen Rechtsrahmen. Abschnitt 1.3.2 gibt einen Ausblick auf mögliche Änderungen der gesetzlichen Vorschriften, die derzeit vom Gesetzgeber diskutiert werden. Zu diesen Ansätzen folgt in Abschnitt 1.3.3 eine kurze Einschätzung.

1.3.1 Aktueller Rechtsrahmen der Erdverkabelung

Die Möglichkeit der Erdverkabelung hängt im ersten Schritt vom Gesetzgeber ab. Gesetzlich ausdrücklich benannte Zielsetzung ist es, den Einsatz von Erdkabeln bei Pilotvorhaben zu testen. Im weiteren Schritt entscheiden der Antragsteller und die Behörde im Zulassungsverfahren über eine Erdverkabelung. Hierbei sind Alternativen nach den allgemeinen Grundsätzen zu prüfen. Diese Alternativen können auch von Dritten in das Verfahren eingebracht werden.[21]

In einem ersten Schritt kennzeichnet der Gesetzgeber sogenannte Pilotvorhaben, die für den Einsatz von Erdkabeln vorgesehen sind. Dies erfolgte zunächst im EnLAG für vier Vorhaben, um den Einsatz von Erdkabeln auf der Höchstspannungsebene im Übertragungsnetz als Pilotvorhaben zu testen.[22] Zusätzlich wurden im BBPlG alle Pilotprojekte für eine verlustarme Übertragung hoher Leistungen über große Entfernungen (HGÜ) als Erdkabel-Pilotvorhaben eingestuft. Insgesamt sind damit aktuell vier Drehstromvorhaben und acht Gleichstromvorha-

---

[19] Hierzu Schaller / Henrich, UPR 2014, 361, 368 ff.

[20] BR-Drs. 129/15, S. 7. Zu den Vor- und Nachteilen von Freileitungen und Erdkabeln siehe Engel, in: Rosin / Pohlmann / Gentsch / Metzenthin / Böwing (Hrsg.), Praxiskommentar zum EnWG, Stand: Dez. 2012, §43-43h EnWG, Rn. 203 ff.

[21] Siehe hierzu insbesondere den Abschnitt 1.2.2 zur Bundesfachplanung.

[22] Hierbei handelt es sich gemäß § 2 Abs. 1 EnLAG um folgende Leitungen:

1. Abschnitt Ganderkesee – St. Hülfe der Leitung Ganderkesee – Wehrendorf,

2. Leitung Diele – Niederrhein,

3. Leitung Wahle – Mecklar,

4. Abschnitt Altenfeld – Redwitz der Leitung Lauchstädt – Redwitz.

Darüber hinaus ist eine Erdverkabelung auf Höchstspannungsebene unter den speziellen Voraussetzungen des § 43 EnWG möglich. Dies betrifft jedoch Sonderfälle wie beispielsweise Seekabel und Interkonnektoren, die hier nicht weiter betrachtet werden.

ben[23] als Erdkabel-Pilotvorhaben gekennzeichnet. Ob darüber hinaus eine Erdverkabelung bei Vorhaben des BBPlG möglich ist, ist nach geltender Rechtslage umstritten.[24]

Ist diese gesetzliche Bedarfsfeststellung mit Benennung als Erdkabel-Pilotvorhaben erfolgt, kann die Frage des Einsatzes von Erdkabeln in der Bundesfachplanung eine Rolle spielen. Dies bedarf der Einzelfallbetrachtung. Zunächst einmal sieht der Gesetzgeber nach dem geltenden Recht den Vorrang der Freileitung vor.[25] Die aktuellen Planungen sind deshalb so ausgerichtet, dass zunächst eine Freileitungstrasse gesucht wird. Entscheidend ist dabei ebenfalls der rechtliche Rahmen. Es ist in die Bundesfachplanung die Frage einzubeziehen, ob bei bestimmten Abschnitten eine Planfeststellungsfähigkeit von Erdkabeln vorliegt.[26] Eine abschließende Entscheidung erfolgt erst im Planfeststellungsverfahren.[27]

Eine Erdverkabelung sieht neben der Bestimmung als Pilotvorhaben zudem weitere gesetzliche Voraussetzungen vor: Die Möglichkeit der Prüfung der Erdkabeloption besteht, wenn bei einem der genannten Vorhaben eine Siedlungsannäherung vorliegt. Diese Siedlungsannäherung ist dann relevant, wenn die Leitung entweder in einem Abstand von weniger als 400 Meter zu Wohngebäuden errichtet werden soll, die im Geltungsbereich eines Bebauungsplans oder im unbeplanten Innenbereich im Sinne des § 34 des Baugesetzbuchs liegen, falls diese Gebiete vorwiegend dem Wohnen dienen, oder in einem Abstand von weniger als 200 Meter zu Wohngebäuden errichtet werden soll, die im Außenbereich im Sinne des § 35 des Baugesetzbuchs liegen. Diese Voraussetzung ist im § 2 Abs. 2 EnLAG geregelt. Das BBPlG verweist für die Erdkabeloption auf diese Vorschrift (§ 2 Abs. 2 BBPlG).

Liegt die Unterschreitung eines solchen Abstands bei einem Pilotvorhaben vor, kann dieses Vorhaben auf technisch und wirtschaftlich effizienten Teilabschnitten[28] als Erdkabel ausgeführt werden. Die Gesetzesbegründung zu § 2 Abs. 2 EnLAG ging davon aus, dass ein solcher Teilabschnitt eine Länge von mindestens drei Kilometern aufweisen müsse, um ein ständiges Abwechseln von Erdverkabelung und Freileitungsbauweise zu vermeiden.[29] Später hat der Gesetzgeber weiter ausgeführt, dass ein Teilabschnitt dann als technisch und wirtschaftlich effizient gilt, wenn er mindestens eine Länge von drei Kilometern aufweist, und zwar unabhängig von der Länge der Strecke, auf der die Kriterien auf diesem Streckenabschnitt unterschritten werden.[30]

Ausgeschlossen ist eine Erdverkabelung, wenn die Voraussetzungen des § 2 Abs. 2 Satz 4 BBPlG (Ausschlusstatbestand) vorliegen. Dies ist dann der Fall, soweit das Vorhaben in der

---

[23] Zunächst sah § 12e EnWG im Jahr 2011 lediglich ein HGÜ-Erdkabel-Pilotvorhaben vor. Bei Erlass des BBPlG 2013 wurden zwei Leitungen gekennzeichnet. Im Zuge der EEG-Reform 2014 wurde durch eine Änderung des § 2 Abs. 2 BBPlG letztlich die Erdverkabelungsmöglichkeit auf alle HGÜ-Leitungen ausgeweitet.

[24] Hierzu ausführlich Schaller / Henrich, UPR 2014, 361, 368 ff.; Appel in: Säcker, Berliner Kommentar zum Energierecht, § 2 NABEG Rn. 11 ff.

[25] BR-Drs. 129/15, S. 2.

[26] Zum praktischer Umgang mit Erdverkabelungsmöglichkeiten in der Bundesfachplanung siehe Schaller / Henrich, UPR 2014, 361, 370.

[27] Heimann in: Steinbach, EnWG/EnLAG/NABEG, § 12e EnWG Rn. 21; Appel in : Säcker, Berliner Kommentar zum Energierecht, § 5 NABEG Rn. 126; Schaller / Henrich, UPR 2014, 361, 370.

[28] Siehe hierzu BR-Drs. 129/15, S. 34.

[29] BT-Drs. 16/10491, S. 16 f.

[30] BT-Drs. 17/4559, S. 6.

Trasse einer bestehenden oder bereits zugelassenen Hoch oder Höchstspannungsfreileitung errichtet und betrieben oder geändert werden soll. Mit dieser Regelung soll dem Bündelungsgebot Rechnung getragen werden.[31]

Der Gesetzgeber sieht zudem Berichtspflichten vor: Für die EnLAG-Vorhaben prüft das Bundesministerium für Wirtschaft und Technologie im Einvernehmen mit dem Bundesministerium für Umwelt, Naturschutz, Bau und Reaktorsicherheit sowie dem Bundesministerium für Verkehr und digitale Infrastruktur alle drei Jahre, ob der EnLAG-Bedarfsplan der Entwicklung der Elektrizitätsversorgung anzupassen ist und legt dem Deutschen Bundestag hierüber einen Bericht vor. Dieser Bericht enthält u. a. die Erfahrungen mit dem Einsatz von Erdkabeln (§ 3 EnLAG). Über die in den Pilotprojekten des BBPlG gewonnenen Erfahrungen legen die Übertragungsnetzbetreiber der Bundesnetzagentur jährlich einen Bericht vor, in dem die technische Durchführbarkeit, Wirtschaftlichkeit und Umweltauswirkungen der Pilotprojekte bewertet werden. Die Berichtspflicht beginnt für jeden Betreiber zwei Jahre nach Inbetriebnahme des ersten Teilabschnitts eines Pilotprojektes (§ 3 Abs. 2 BBPlG). Die Berichte zu den Pilotprojekten kann der Gesetzgeber bei der Entscheidung über die etwaige Ausdehnung der Einsatzmöglichkeiten der Teilverkabelung berücksichtigen.[32]

1.3.2 Fortentwicklung des Rechtsrahmens

Die Bundesregierung hat auf die Forderung in den Verfahren des Stromnetzausbaus reagiert und einen Gesetzesentwurf[33] erarbeitet, der eine maßvolle Erweiterung der Erdverkabelung vorsieht. Die vorgeschlagenen Änderungen zielen laut Gesetzesbegründung darauf ab, die Erdverkabelung auf technisch und wirtschaftlich effizienten Teilabschnitten auch auf Basis der gewonnenen Erkenntnisse weiter zu erleichtern, zugleich sachgerechter auszugestalten, um so im weiteren Verlauf des Netzausbaus insgesamt in Deutschland vertiefte Erfahrungen bezüglich der Planung, Realisierung und dem Betrieb von Erdkabeln zu sammeln.[34] Ziel sei eine Beschleunigung des Netzausbaus insgesamt, wobei weit fortgeschrittene Verfahren nicht durch Umplanungen beeinträchtigt werden sollen. Für bereits laufende Planungsverfahren ist daher eine Übergangsregelung vorgesehen.[35]

Der Gesetzesentwurf sieht eine gezielte Aufnahme weiterer Pilotvorhaben für eine Teilerdverkabelung vor. Zudem sollen die Kriterien, deren Erfüllung eine Voraussetzung für den Erdkabeleinsatz ist, durch die Änderungen erweitert werden. Nunmehr sollen auch Belange des Arten- und Gebietsschutzes sowie die Querung einer großen Bundeswasserstraße zu der Erdkabelprüfung führen können. Zugleich wird klargestellt, dass eine Teilerdverkabelung auch dann möglich ist, wenn die soeben genannten Kriterien nicht auf der gesamten Länge des technisch und wirtschaftlich effizienten Teilabschnitts vorliegen. Dadurch wird klargestellt, dass auch längere Verkabelungsabschnitte realisiert werden können.[36] Auch der Erdkabelbegriff wird erweitert. Als Erdkabel gelten alle Erdleitungen einschließlich Kabeltunnel und gasisolierte

---

[31] BT-Drs. 18/1304, S 307.

[32] So die Gesetzesbegründung zur BBPlG-Berichtspflicht: BR-Drs. 819/12, S. 17.

[33] BT-Drs. 18/4655, S. 1 ff.

[34] BT-Drs. 18/4655, S. 1 f.

[35] BT-Drs. 18/4655, S. 2.

[36] BT-Drs. 18/4655, S. 3.

Rohrleiter (GIL). Dadurch werde die Möglichkeit geschaffen, im Rahmen der vorgesehenen Pilotvorhaben für Teilerdverkabelung auch Erfahrungen hinsichtlich anderer technischer Lösungen zur unterirdischen Verlegung von Höchstspannungsleitungen zu sammeln.[37]

Es bleibt nach dem Gesetzesentwurf der Bundesregierung aber auch bei dem Pilotcharakter der Erdverkabelung. Dieser bezieht sich sowohl auf die Drehstrom- als auch auf die Gleichstromvorhaben. In der Gesetzesbegründung heißt es dazu: Der Einsatz von Erdkabelsystemen auf Höchstspannungsebene, insbesondere im Drehstrombereich, entspricht jedoch bisher nicht dem Stand der Technik. Es gilt nach dem Gesetzesentwurf daher grundsätzlich der Vorrang von Freileitungen. Bevor Erdkabel im größeren Umfang im Übertragungsnetz eingesetzt werden, sollen im Rahmen von Pilotprojekten im realen Netzbetrieb ausreichende Erfahrungen gesammelt werden. Diesem Gedanken Rechnung tragend, wird der Einsatz von Erdkabeln auf eine begrenzte Anzahl von Pilotprojekten beschränkt.[38]

Zudem bleibt es bis auf eine Ausnahme[39] bei der Beibehaltung des technisch und wirtschaftlich effizienten Teilabschnitts.

1.3.3 Einschätzung

Im Ergebnis stellt der Gesetzesentwurf eine Erweiterung der Erdverkabelung dar. Diese hält sich jedoch in einem maßvollen Rahmen. Die Erdverkabelung kann lediglich in den gesetzlich vorgesehenen Fällen in Betracht kommen. Erdkabel sind im gesetzlichen Rahmen derzeit und auch nach dem Gesetzesentwurf keine gleichberechtigte Alternative (Pilotcharakter, Vorrang der Freileitung). Eine Kennzeichnung im Gesetz bedeutet noch keine Realisierung als Erdkabel. Aber sie bietet die Möglichkeit, adäquate Lösungen gerade in besonderen Einzelfällen zu finden.

Ob es bei dem Regelungsvorschlag der Bundesregierung bleibt, ist offen.[40] Der Bundesrat hat Änderungsvorschläge[41] zum Gesetzesentwurf gemacht. Diese sehen eine deutlichere Erweiterung der Erdverkabelung vor. Auch in der ersten Lesung des Bundestages wurde über weitergehende Öffnungsmöglichkeiten gesprochen.[42] Jedenfalls kann die Erdverkabelung für bestimmte Situationen zur Lösung eingesetzt werden, sie ist jedoch kein Allheilmittel. In der weiteren Diskussion wird zwischen den Gleichstrom- und Wechselstromvorhaben zu differenzieren sein. Es liegen unterschiedliche technische Möglichkeiten vor. Auch dies wird in der anstehenden Diskussion eine Rolle spielen.

---

[37] BT-Drs. 18/4655, S. 3.

[38] BT-Drs. 18/4655, S. 18.

[39] Für das EnLAG-Vorhaben Nr. 6 (Wahle – Mecklar, Teilabschnitt des Abschnitts Wahle – Lamspringe) ist ein längerer Teilabschnitt vorgesehen.

[40] Mittlerweile haben die Parteivorsitzenden von CDU, CSU und SPD Eckpunkte für eine erfolgreiche Umsetzung der Energiewende in eine politische Vereinbarungen vom 1. Juli 2015 gegossen. Darin ist eine deutliche Erweiterung der HGÜ-Erdverkabelung vorgesehen.

[41] BR-Drs. 129/1/15.

[42] Protokoll des Deutschen Bundestags vom 24.04.2015, S. 9722 ff.

1.4 Einbeziehung des Schutzguts Boden

Die Einbeziehung des Schutzguts Boden findet in allen Umweltprüfungen ebenenspezifisch statt.

1.4.1 Strategische Umweltprüfung zum Bundesbedarfsplan

In der Strategischen Umweltprüfung zum Bundesbedarfsplan werden noch keine konkreten Trassenkorridore oder Leitungsverläufe betrachtet. Es gibt lediglich die zu verbindenden Netzverknüpfungspunkte und ggf. festgelegte notwendige Stützpunkte. Um diese vorgegebenen Punkte wird ein Untersuchungsraum (in Form einer Ellipse) für die Umweltprüfung gelegt. Die Strategische Umweltprüfung nimmt auf dieser Ebene eine Frühwarnfunktion ein. Sie wird im Wesentlichen mit einem relativ kleinen Maßstab (1:250.000) durchgeführt.[43]

Speziell für das Schutzgut Boden greift die Bundesnetzagentur in ihrer Prüfung auf die BÜK 1000 (Bodenübersichtskarte 1:1.000.000) zurück, um eine einheitliche deutschlandweite Datengrundlage nutzen zu können.[44] Die BÜK 1000 wurde auf der Grundlage von Übersichtskarten der alten und neuen Bundesländer erarbeitet und stellt die Verbreitung und die Eigenschaften der Böden Deutschlands auf der Grundlage einer einheitlichen Bodensystematik dar. Wenn die BÜK 200 flächendeckend vorliegt, wäre auch ihre Nutzung auf Ebene der Strategischen Umweltprüfung zum Bundesbedarfsplan möglich.

Die Bundesnetzagentur unterscheidet in ihrer Prüfung die Auswirkungen getrennt nach Freileitungen und Erdkabeln.[45]

Für die Umsetzung des Umweltziels, die Funktionen des Bodens zu sichern, werden insbesondere Böden bzw. Bodengesellschaften berücksichtigt, deren Funktionen durch den Leitungsbau besonders gefährdet sind. Mit der Auswahl der Kriterien der feuchten verdichtungsempfindlichen Böden sowie der erosionsgefährdeten Böden wird diesen Anforderungen weitestgehend entsprochen.[46]

---

[43] Ausführlich hierzu: Bundesnetzagentur, Entwurf des Umweltberichts Strategische Umweltprüfung auf Grundlage des 2. Entwurfs des NEP Strom und O-NEP (Zieljahr 2024), Stand: Februar 2015. Abrufbar unter www.netzausbau.de/nep-ub3.

[44] Bundesnetzagentur, Entwurf des Umweltberichts Strategische Umweltprüfung auf Grundlage des 2. Entwurfs des NEP Strom und O-NEP (Zieljahr 2024), Stand: Februar 2015, S. 200.

[45] Bundesnetzagentur, Entwurf des Umweltberichts Strategische Umweltprüfung auf Grundlage des 2. Entwurfs des NEP Strom und O-NEP (Zieljahr 2024), Stand: Februar 2015. Zur Betrachtung des Schutzguts Boden bei Freileitungen siehe insbesondere S. 200 ff. und bei Erdkabeln insbesondere S. 217 ff.

[46] Bundesnetzagentur, Entwurf des Umweltberichts Strategische Umweltprüfung auf Grundlage des 2. Entwurfs des NEP Strom und O-NEP (Zieljahr 2024), Stand: Februar 2015, S. 200.

1.4.1.1 Feuchte verdichtungsempfindliche Böden

Für die Strategische Umweltprüfung werden im Hinblick auf die feuchten verdichtungsempfindlichen Böden aus den 72 Bodeneinheiten der BÜK 1.000 sieben gutachterlich ausgewählt.[47] Diese repräsentieren all jene Bodentypen, die durch Verdichtung in ihren Bodenfunktionen wesentlich gefährdet sind. Bei der Auswahl wurden auf die ausschlaggebenden Faktoren für die Ausbildung der zusammengefassten Bodengesellschaften, v. a. die Gründigkeit, die Bodenarten und die Wasserverhältnisse abgestellt. Ausgewählt wurden neben Mooren grundwasserbeeinflusste Böden der Küstenregion und der breiten Flusstäler, einschließlich Terrassenflächen und Niederungen.[48]

Die Empfindlichkeit wird gegenüber Freileitungen mit *mittel*[49] gegenüber dem Erdkabelbau mit *hoch*[50] bewertet.

Die Einstufung beruht auf der Erwägung, dass die vorherrschenden Böden der ausgewählten Bodeneinheiten sehr empfindlich gegenüber Verdichtung sind, die im Wesentlichen bei Bauarbeiten auftritt. Die Verdichtungsempfindlichkeit ist v. a. durch den hohen Feuchtigkeitsgehalt des Bodens und die Bodenart bedingt. Durch Verdichtung können die Funktionen des Bodens beeinträchtigt oder zerstört werden. Die vorherrschenden Böden der ausgewählten Bodeneinheiten sind besonders empfindlich und in ihren Bodenfunktionen kaum bis gar nicht wiederherstellbar.

Die höhere Bewertung der Empfindlichkeit gegenüber Erdkabeln erfolgt, da der Eingriff in den Boden bei Erdkabeln linienhaft und daher umfangreicher als bei Freileitungsbau ausfällt (v. a. hinsichtlich baubedingter Verdichtung).[51]

---

[47] Unter dem Kriterium der feuchten verdichtungsempfindlichen Böden wurden folgende Bodeneinheiten zusammengefasst (genannt sind jeweils die Leitbodentypen):

- Wattböden im Gezeitenbereich der Nordsee (Bodeneinheit Nr. 2)

- Niedermoorböden (Bodeneinheit Nr. 6)

- Hochmoorböden (Bodeneinheit Nr. 7)

- Auenböden/Gleye, tiefgründig, lehmig bis tonig (Bodeneinheit Nr. 8)

- Gley-Tschernosem, tiefgründig, tonig-schluffig bis tonig (Bodeneinheit Nr. 9)

- Auenböden/Gleye, tief-mittelgründig, sandig bis sandig-lehmig (Bodeneinheit Nr. 10)

- Auenböden/Gleye, tief-mittelgründig, lehmig und tonig (Bodeneinheit Nr. 11).

[48] Bundesnetzagentur, Entwurf des Umweltberichts Strategische Umweltprüfung auf Grundlage des 2. Entwurfs des NEP Strom und O-NEP (Zieljahr 2024), Stand: Februar 2015, S. 200.

[49] Bundesnetzagentur, Entwurf des Umweltberichts Strategische Umweltprüfung auf Grundlage des 2. Entwurfs des NEP Strom und O-NEP (Zieljahr 2024), Stand: Februar 2015, S. 200.

[50] Bundesnetzagentur, Entwurf des Umweltberichts Strategische Umweltprüfung auf Grundlage des 2. Entwurfs des NEP Strom und O-NEP (Zieljahr 2024), Stand: Februar 2015, S. 217.

[51] Bundesnetzagentur, Entwurf des Umweltberichts Strategische Umweltprüfung auf Grundlage des 2. Entwurfs des NEP Strom und O-NEP (Zieljahr 2024), Stand: Februar 2015, S. 200 ff.

1.4.1.2 Erosionsempfindliche Böden

Auch bei den erosionsempfindlichen Böden wurden aus den 72 Bodeneinheiten der BÜK 1.000 wurden drei gutachterlich ausgewählt[52], die all jene Bodentypen repräsentieren, die durch Erosion in ihren Bodenfunktionen wesentlich gefährdet sind. Die Auswahl wurde auf die ausschlaggebenden Faktoren für die Ausbildung der zusammengefassten Bodengesellschaften, v. a. die Gründigkeit, die Bodenarten und die Wasserverhältnisse abgestellt. Ausgewählt wurden neben Rohböden der Küstenregion, flachgründige Böden der Berg- und Hügelländer sowie Böden der montanen und subnivalen Höhenstufe der Alpen.

Die Empfindlichkeit der erosionsempfindlichen Böden gegenüber Freileitungsbau wird mit *mittel*[53] gegenüber dem Erdkabelbau mit *hoch*[54] bewertet.

Die vorherrschenden Böden der ausgewählten Bodeneinheiten sind zum großen Teil sehr empfindlich gegenüber Erosion, die im Wesentlichen bei Bauarbeiten auftritt. Durch Erosion können die Funktionen des Bodens beeinträchtigt oder zerstört werden. Die Erosion kann durch Bauarbeiten für Leitungsbau erweitert werden. Die Erosionsempfindlichkeit ist v. a. durch die geringe Mächtigkeit der Böden und durch die Hanglage bedingt.

Auch hier erfolgt die höhere Bewertung der Empfindlichkeit beim Erdkabelbau aufgrund des linienhaften Eingriffs in den Boden, der umfangreicher ausfällt als beim Freileitungsbau.[55]

1.4.2 Strategische Umweltprüfung in der Bundesfachplanung

Der Gegenstand der Bundesfachplanungsentscheidung ist im Regelverfahren ein Trassenkorridor mit einer Breite von 500 bis 1000 Metern. Für die Bundesfachplanung ist eine Strategische Umweltprüfung durchzuführen. Der Antrag beinhaltet u. a. den einen Vorschlag für den beabsichtigten Verlauf des für die Ausbaumaßnahme erforderlichen Trassenkorridors sowie eine Darlegung der in Frage kommenden Alternativen, sowie Erläuterungen zur Auswahl zwischen den in Frage kommenden Alternativen unter Berücksichtigung der erkennbaren Umweltauswirkungen und der zu bewältigenden raumordnerischen Konflikte (vgl. § 6 NABEG).

Um die Antragsunterlagen in den verschiedenen Verfahren möglichst einheitlich gestalten zu können, haben die Übertragungsnetzbetreiber die inhaltlichen und methodischen Anforderun-

---

[52] Unter dem Kriterium der erosionsempfindlichen Böden wurden folgende Bodeneinheiten zusammengefasst (genannt sind jeweils die Leitbodentypen):

• Podsol-Regosol/Lockersyrosem aus Dünensand (Bodeneinheit Nr. 1)

• Rendzina/Braunerde-Rendzina/Pararendzina, relativ flachgründig, lehmig bis tonig, oft steinig (Bodeneinheit Nr. 49).

• Rendzina, Kalkbraunerde, Ranker, Podsol-Braunerde, oft flachgründig, lehmig-steinig bis grusig (Bodeneinheit Nr. 68).

[53] Bundesnetzagentur, Entwurf des Umweltberichts Strategische Umweltprüfung auf Grundlage des 2. Entwurfs des NEP Strom und O-NEP (Zieljahr 2024), Stand: Februar 2015, S. 202.

[54] Bundesnetzagentur, Entwurf des Umweltberichts Strategische Umweltprüfung auf Grundlage des 2. Entwurfs des NEP Strom und O-NEP (Zieljahr 2024), Stand: Februar 2015, S. 218.

[55] Bundesnetzagentur, Entwurf des Umweltberichts Strategische Umweltprüfung auf Grundlage des 2. Entwurfs des NEP Strom und O-NEP (Zieljahr 2024), Stand: Februar 2015, S. 218.

gen an diese vorab mit der Bundesnetzagentur diskutiert und einen Musterantrag[56] entworfen. Dieser Musterantrag enthält lediglich vereinzelte Vorgaben zu Erdkabeln (und damit zusammenhängend zum Schutzgut Boden). Im Wesentlichen handelt es sich um ein Dokument zur Beantragung eines Freileitungstrassenkorridors. Hinsichtlich der Prüfung der Erdverkabelung und der Auswirkungen auf den Boden hat man grundlegende Vorgaben vereinbart, die für die Grob- und Trassenkorridorfindung gelten. Einzelfallspezifisch und maßstabsangepasst können weitere Kriterien einbezogen werden, z. B. von den Bundesländern ausgewiesene schutzwürdige Böden oder wassersensible Bereiche, verdichtungsempfindliche feuchte Böden z. B. nach BÜK 200, und Bodendenkmale (z. B. > 25 ha).[57]

Die Bundesnetzagentur hat zu den ersten Anträgen auf eine Entscheidung in der Bundesfachplanung die einen Untersuchungsrahmen nach § 7 NABEG festgelegt. Beispielhaft soll hier auf die Festlegung des Untersuchungsrahmens zu dem Vorhaben Nr. 11 des Bundesbedarfsplans (Bertikow – Pasewalk) eingegangen werden.[58] Bei diesem Vorhaben handelt es sich um einen reinen Freileitungsbau.

Hinsichtlich des Schutzguts Boden wurde als Darstellungsmaßstab in den Antragsunterlagen auf 1:50.000 festgesetzt. Maßgebliche Datengrundlage ist die jeweils großmaßstäblichste verfügbare Bodenübersichtskarte. Auch Landschaftsrahmenpläne oder deren zugrunde liegende Quellen sind als mögliche Grundlage für die Erfassung schutzwürdiger oder bedeutsamer Böden zu prüfen und gegebenenfalls zu verwenden. Mit den zuständigen Fachbehörden ist abzustimmen, inwiefern weitere vorhandene Datengrundlagen Daten der Reichsbodenschätzung sowie der Mittelmaßstäbigen Standortkartierung (MMS) eine sinnvolle Ergänzung bilden können.[59]

1.4.3 Umweltverträglichkeitsprüfung in der Planfeststellung

Die Planfeststellungsebene ist die Zulassungsebene, auf der die Einzelheiten des Vorhabens geprüft werden und abschließend über die Zulässigkeit entschieden wird. Die Planfeststellung ist das Trägerverfahren für die Umweltverträglichkeitsprüfung (UVP). Die Prüfung der Umweltauswirkungen eines Vorhabens kann auf Grund der in der Bundesfachplanung bereits durchgeführten Strategischen Umweltprüfung auf zusätzliche oder andere erhebliche Umweltauswirkungen der beantragten Stromleitung beschränkt werden (§ 23 NABEG). Hinsichtlich des Schutzguts Boden sind die relevanten Prüfungen nach dem vorher Gesagten jedoch maßgeblich auf dieser Ebene durchzuführen. Die UVP zur Planfeststellung ist demnach die Ebene, auf der die Einbeziehung des Schutzguts Boden konkret hinsichtlich der jeweiligen Ausführung des Vorhabens erfolgen wird.

---

[56] Antrag auf Bundesfachplanung, Musterantrag nach § 6 NABEG, Teil 1: Grob- und Trassenkorridorfindung, Stand 15.11.2013; abrufbar unter www.netzentwicklungsplan.de.

[57] Antrag auf Bundesfachplanung, Musterantrag nach § 6 NABEG, Teil 1: Grob- und Trassenkorridorfindung, Stand 15.11.2013; abrufbar unter www.netzentwicklungsplan.de; S. 52.

[58] Die Festlegung des Untersuchungsrahmen ist ebenso wie der Antrag des Vorhabenträgers veröffentlich unter: www.netzausbau.de/vorhaben11.

[59] Bundesfachplanung zum Vorhaben Nr. 11 des Bundesbedarfsplans, Höchstspannungsleitung Bertikow – Pasewalk; hier: Festlegung des Untersuchungsrahmens gemäß § 7 Abs. 4 Netzausbaubeschleunigungsgesetz Übertragungsnetz (NABEG) vom 14.11.2014, S.9 f. ; abrufbar unter www.netzausbau.de/vorhaben11.

1.5 Fazit

Die vorstehenden Ausführungen haben gezeigt, dass es sich bei dem Stromnetzausbau um ein Themenfeld handelt, das einer stetigen Fortentwicklung des Rechts unterliegt. Dies betrifft zum einen generell die Zulassungsverfahren, zum anderen aber auch die Möglichkeit der Erdverkabelung. Auf Neuerungen im Rechtsrahmen haben Behörden und Vorhabenträger sich eingestellt und werden dies sicherlich auch in der Zukunft weiterhin tun.

Autor

Dr. Ursula Heimann, LL.M. [60]

---

[60] Der Beitrag gibt die persönliche Auffassung der Verfasserin wieder.

2 Bodenkundliche Baubegleitung – Bodenschutz beim Trassenbau

Dr. agr. Norbert Feldwisch

2.1 Zielsetzungen des Bodenschutzes

Der vorsorgende Bodenschutz verfolgt bei Bauvorhaben generell folgende Zielsetzungen:

- Quantitatives Ziel:
  - Reduzierung der Flächen- respektive Bodeninanspruchnahmen
- Qualitative Ziele:
  - Erhaltung und Wiederherstellung natürlicher Bodenfunktionen respektive durchwurzelbarer Bodenschichten
  - Lenkung der unvermeidbaren Inanspruchnahme auf weniger schutzwürdige und unempfindlichere Böden
  - Vermeidung bzw. Minderung der Bodenverdichtung und Gefügeschäden
  - Vermeidung und Minderung der Bodenerosion
  - Vermeidung und Minderung von Schadstoffeinträgen oder Schadstofffreisetzungen
  - Schonende und rechtskonforme Verwertung bzw. Beseitigung von überschüssigem Bodenmaterial

Beim Trassenbau ist die Flächen- respektive Bodeninanspruchnahme im Vergleich zum Hoch- und Tiefbau vergleichsweise unbedeutend. Versiegelungen durch Baukörper beschränken sich auf technische Bauwerke wie zum Beispiel Verdichterstationen bei Gasleitungen oder Umspannwerke bei Stromleitungen. Der Bodenverbrauch durch derartige technische Bauwerke ist im Vergleich zu der gesamten Inanspruchnahme von Böden im Trassenverlauf gering.

Aus diesem Grund konzentriert sich der vorsorgende Bodenschutz beim Trassenbau vorwiegend auf qualitative Ziele. Im Wesentlichen sind Böden, die nur temporär während der Bauphase für Baustraßen oder Baustelleneinrichtung in Anspruch genommen werden, vor schädlichen Bodenveränderungen zu schützen. Dazu sind bereits in der Planungsphase alternative Trassenverläufe daraufhin zu überprüfen, welcher Trassenverlauf die geringste Betroffenheit des Schutzguts Boden auslöst. Als entscheidende Kriterien sind dabei die Trassenlängen im Bereich besonders schutzwürdiger oder besonders empfindlicher Böden zu bilanzieren (z. B. Bundesverband Boden 2013a, S. 89; Feldwisch 2014, S. 49). Weiterhin sind geeignete und

2

erforderliche Maßnahmen zur Vermeidung und Minderung der Projektauswirkungen im Rahmen der Bauplanung und Bauzulassung festzulegen (Feldwisch 2014, S. 43ff).

Werden die allgemeinen Anforderungen des Umweltrechtes und speziell des Bodenschutzrechtes an Bauvorhaben nicht berücksichtigt, dann sind Bauvorhaben regelhaft Natur zerstörend, rechtswidrig, teuer und zeitraubend:

- Natur und Boden zerstörend, weil in der Baupraxis regelhaft so schwere Baugeräte eingesetzt werden, dass massive Beeinträchtigungen des Bodengefüges und somit schädliche physikalische Bodenveränderungen zu erwarten sind.

- Rechtswidrig, weil die Vermeidung und Minderung von Umweltauswirkungen keine Option darstellt, sondern eine umweltrechtliche Pflicht[1]. In der Praxis wird häufig argumentiert, dass der Schaden an Böden doch tolerierbar wäre, weil er anschließend im Zuge der Baufeldrekultivierung doch wieder behoben werden könne. Abgesehen von der Verletzung der Vermeidungs- und Minderungspflicht verkennt diese Argumentation, dass beispielsweise schädliche Bodenverdichtungen nicht oder nur mit sehr viel Aufwand und sehr langen Regernationszeiträumen wieder beseitigt werden können.

- Teuer, weil Schäden am Bodengefüge zumeist nur mit sehr aufwändigen und kostenintensiven Maßnahmen wie Tieflockerungen mit Spezialmaschinen, Dränungen und ggf. mehrjährigen Folgebewirtschaftungen wieder saniert werden können.

- Zeitraubend, weil durch einen nicht fachgerechten Umgang mit Böden Baustellenstopps und Baubehinderungen ausgelöst werden können. Beispielsweise ist bei der Bergung eines versunkenen Baufahrzeugs mit einer erheblichen zeitlichen Verzögerung des Bauablaufs zu rechnen. Im Ergebnis kann der gesamte Bauzeitenplan gefährdet werden.

Schäden an Böden können nicht nur verbal beschrieben werden, sondern auch mit Hilfe von bodenkundlichen Parametern beziffert werden. Beispielsweise wird das Wasserspeichervermögen von Böden durch eine baubedingte, massive schädliche Bodenverdichtung in einer Bodentiefe von 30 cm in einer Größenordnung zwischen ca. 70 und 80 % im Vergleich zum natürlichen Ausgangszustand reduziert. Bei einem tiefgründigen Lössstandort kann das ein Verlust an Wasserspeichervermögen von bis zu 300 mm bzw. 300 Liter je m² bedeuten. Die skizzierte Größenordnung der potenziellen Schäden an natürlichen Bodenfunktionen macht deutlich, dass damit erhebliche Beeinträchtigungen des Naturhaushalts einhergehen.

---

[1] Vgl. dazu folgende Rechtsbezüge:
§ 15 Abs. 1 Satz 1 BNatSchG: „Der Verursacher eines Eingriffs ist verpflichtet, vermeidbare Beeinträchtigungen von Natur und Landschaft zu unterlassen."
§ 1 BBodSchG: „Zweck dieses Gesetzes ist es, nachhaltig die Funktionen des Bodens zu sichern oder wiederherzustellen. Hierzu sind schädliche Bodenveränderungen abzuwehren, der Boden und Altlasten sowie hierdurch verursachte Gewässerverunreinigungen zu sanieren und Vorsorge gegen nachteilige Einwirkungen auf den Boden zu treffen. Bei Einwirkungen auf den Boden sollen Beeinträchtigungen seiner natürlichen Funktionen sowie seiner Funktion als Archiv der Natur- und Kulturgeschichte so weit wie möglich vermieden werden."
§ 4 Abs. 1 BBodSchG: „Jeder, der auf den Boden einwirkt, hat sich so zu verhalten, dass schädliche Bodenveränderungen nicht hervorgerufen werden."
§ 7 Satz 1 BBodSchG: „Der Grundstückseigentümer, der Inhaber der tatsächlichen Gewalt über ein Grundstück und derjenige, der Verrichtungen auf einem Grundstück durchführt oder durchführen lässt, die zu Veränderungen der Bodenbeschaffenheit führen können, sind verpflichtet, Vorsorge gegen das Entstehen schädlicher Bodenveränderungen zu treffen, die durch ihre Nutzung auf dem Grundstück oder in dessen Einwirkungsbereich hervorgerufen werden können."

2.2 Aufgabe einer Bodenkundlichen Baubegleitung

Die Bodenkundliche Baubegleitung dient dem Vollzug der bodenschutzfachlichen und bodenschutzrechtlichen Anforderungen im Zusammenhang mit Bauvorhaben, insbesondere der Vorsorge gegenüber schädlichen Bodenveränderungen. Sie ist keine Art zweite Genehmigungsinstanz. Die fachlichen Vorgaben aus den Planungsunterlagen und der Zulassung sind bei der Ausführung auf ihre Umsetzung hin zu kontrollieren.

Eine Bodenkundliche Baubegleitung zielt im Wesentlichen auf den Erhalt oder die möglichst naturnahe Wiederherstellung von Böden und ihrer natürlichen Funktionen gemäß § 2 BBodSchG ab. Baulich in Anspruch genommene Böden sollen nach Abschluss eines Vorhabens ihre natürlichen Funktionen so weit wie möglich wieder erfüllen können.

Dazu sind Böden vor physikalischen und stofflichen Beeinträchtigungen zu schützen. Zu vermeiden sind insbesondere folgende Beeinträchtigungen:

- Gefügeschäden und Verdichtungen

- Erosion und Stoffausträge

- Kontaminationen mit Schadstoffen

- Vermischungen unterschiedlicher Bodenschichtungen / Substrate

- Beimengungen technogener Substrate

Fehler in der Planung und Zulassung können auf der Baustelle nicht oder kaum noch geheilt werden. Aus diesem Grund ist der eigentlichen Baubegleitung ein Fachbeitrag Bodenschutz in der Planung vorzuschalten, in dem die Betroffenheit des Schutzgutes Boden durch die geplante Baumaßnahme sowie geeignet und erforderliche Maßnahmen zur Vermeidung und Minderung der Vorhabenswirkungen dargelegt werden. Die bodenschutzfachlichen Arbeitsschritte von der Planung bis zum Bauabschluss verdeutlicht die Abbildung 2-1.

Wird während der Bauausführung offenkundig, dass die vorgegebenen Vermeidungs- und Minderungsmaßnahmen nicht ausreichen, um schädliche Bodenveränderungen – zum Beispiel Bodenverdichtungen – abzuwenden, dann ist der Vorhabensträger und das von ihm beauftragte Bauunternehmen gehalten, situativ geeignete, erforderliche und verhältnismäßige Maßnahmen zur Abwendung der Entstehung schädlicher Bodenveränderungen zu ergreifen.

Ein bloßer Verweis auf die Einhaltung der Zulassungsbedingungen stellt den Vorhabensträger und das für ihn tätige Bauunternehmen nicht frei von der gebotenen Pflicht zur Vermeidung nachteiliger Einwirkungen auf den Boden, es sei denn, das Planungs- und Zulassungsverfahren hat im Abwägungsprozess derartige nachteilige Einwirkungen auf die Böden explizit als unvermeidbar eingestuft.

Insbesondere bei erkennbaren Verfahrensfehlern bei der Erfassung und Bewertung des Schutzgutes Bodens und der unzureichenden Festlegung von Vermeidungs- und Minderungsmaßnahmen können Nachbesserungen rechtlich geboten sein. Dies unterstreicht nochmals die große Bedeutung einer fachlich validen Behandlung des Bodenschutzes in der Planung und Zulassung, um eine verfahrenssichere und möglichst störungsfreie Bauausführung zu gewährleisten.

Abb. 2-1 Einordnung der bodenschutzfachlichen Leistungen in die Leistungsphasen von der Planung bis zum Bauabschluss

2.3 Häufige Ursachen von Beeinträchtigungen im Bauablauf

Die Vollzugsdefizite haben häufig folgende Ursachen:

- Planerische Mängel: Nicht selten beschränken sich die Ausführungen zum Schutzgut Boden auf Abschriften aus Beschreibungen zu Bodenkarten und Geologischen Karten. Auch sind Erfassungsstandards für natürliche Bodenfunktionen und Archivfunktionen, wie sie von den geologischen Ämtern bzw. Diensten der Bundesländer bereitgehalten werden, nicht allen Planern bekannt. Stattdessen werden zum Teil immer noch veraltete Erfassungs- und Bewertungsmethoden verwendet, wie sie die Landschaftsplanung vor der Jahrtausendwende entwickelt hat, als der Bodenschutz noch keine Erfassungsstandards für Bodenfunktionen definiert hatte.
Weiterhin ermangelt es aktuellen Planungsunterlagen nicht selten an der eindeutigen und inhaltlich, räumlich und zeitlich präzisen Festlegung geeigneter Vermeidungs- und Minderungsmaßnahmen. In vielen Fällen werden nur Allgemeinplätze wie „Mit dem Boden wird schonend umgegangen." formuliert, die keinerlei kontrollierbare Handlungen vorgeben.

- Fachliche Unwissenheit: Planern und Zulassungsbehörden sind in vielen Fällen die Zielsetzungen und materiellen Anforderungen des vorsorgenden Bodenschutzes unbekannt. Das liegt sicherlich in Teilen daran, dass das Bodenschutzrecht die jüngste Disziplin im Umweltrecht ist. Zum anderen verfügen die Akteure in vielen Fällen über keine ausreichende bodenschutzfachliche Ausbildung oder Berufserfahrung.

- Rechtliche Unbekümmertheit: Das Bodenschutzrecht ist vielfach noch unbekannt. Verstöße gegen den vorsorgenden Schutzanspruch des Bodens werden nicht als bedeutsam angesehen, weil bisher im Zuge der Zulassung und behördlichen Überwachung dazu kaum Nebenbestimmungen und Verfügungen ergangen sind. Auch die Rechtsprechung hat sich bisher nur selten mit Verstößen gegen materielle Anforderungen des vorsorgenden Bodenschutzes auseinandergesetzt, obwohl das Bodenschutzrecht entgegen seinem Ruf kein reines Altlastenrecht ist, sondern genauso die Pflicht zur Vermeidung und Minderung sowie Sanierung schädlicher Bodenveränderungen in Folge physikalischer bzw. mechanischer Einwirkungen beinhaltet. Gleichwohl sind Konkretisierungen der materiellen Anforderungen des physikalischen Bodenschutzes vergleichbar den Regelungen zum stofflichen Bodenschutz im Zuge der anstehenden Novellierung der Bodenschutzverordnung erforderlich. Der Bundesverband Boden (2013b, S. 41ff) hat dazu einen ausgereiften Vorschlag unterbreitet.

- Fehlern bei der Ausschreibung von Bauleistungen: Vermeidungs- und Minderungsmaßnahmen bedürfen in vielen Fällen eines angepassten Maschinen- und Geräteeinsatzes. Entsprechende Spezifikationen und Anforderungen sind in Bauleistungsverzeichnissen eindeutig zu definieren, damit die Bauunternehmen qualifizierte Angebote unterbreiten können, die eine Umsetzung der Bodenschutzmaßnahmen in der Ausführungsphase erlauben. Auch die Art und der Umfang von Baustraßen zum Schutz der betroffenen Bodenflächen vor schädlichen Verdichtungen sind im Bauleistungsverzeichnis zweifelsfrei zu beschreiben. Das Bauleistungsverzeichnis muss des Weiteren eindeutig sein bezüglich der bodenschutzfachlichen Anforderungen an einzelne Bauprozesse wie insbesondere die Anforderungen an schonende Verfahren zum Bodenaushub, zur Zwischenlagerung von Bodenaushub, zur Art und zum Zeitpunkt der Begrünung von Bodenmieten, zur Wiederherstellung durchwurzelbarer Bodenschichten entsprechend der Ausgangssituation vor Baubeginn sowie zur notwendigen Folgebewirtschaftung / Bodenruhe vor der Übergabe in die ursprüngliche Nutzungsform.

- Fachliche Einschränkung der Umwelt und Natur: Nicht selten werden die Belange der Umwelt und Natur auf Arten- und Biotopschutz sowie Gewässerschutz reduziert. Zum Teil werden im politischen Entscheidungsprozess die Ergebnisse einer fachlich fundierten Umweltverträglichkeitsprüfung bereits vorweg genommen. Beispielsweise wird im Zuge des Stromnetzausbaus von einigen politischen Akteuren bereits jetzt postuliert, dass die Erdverkabelung die umweltverträglichere Variante im Vergleich zum Freileitungsbau sei. Dazu sind prophetische Fähigkeiten nötig, weil für einige Leitungstrassen weder der konkrete Trassenverlauf (zum Beispiel bei der so genannten Südlink-Leitung) noch die Umweltverträglichkeitsprüfung vorliegen. Derartige Vorwegnahmen der Ergebnisse einer Umweltprüfung machen deutlich, dass die Eingriffe in Böden nicht oder nicht angemessen wahrgenommen werden. Gerade beim Stromnetzausbau sind Böden bei der Erdverkabelung um ein Vielfaches stärker betroffen als beim Freileitungsbau (Feldwisch, 2014, S. 19).

- Zeit- und Kostendruck: Leitungsbauvorhaben stehen zumeist unter dem Druck eines Fertigstellungstermins. Da in vielen Fällen in der Planungs- und Zulassungsphase die Zeitpläne überschritten werden, die Baufertigstellungstermine aber nicht angepasst werden (können), stehen die Bauausführungen unter enormen Zeitdruck. In einer solchen Zwangssituation bleibt sowohl der Bauleitung als auch den beauftragten Baufirmen keine ausreichende Möglichkeit, schonende Bauverfahren umzusetzen. Stattdessen wird alles daran gesetzt, den Baufertigstellungstermin einzuhalten und extrem hohe Konventionalstrafen zu vermeiden. Folgeschadensregulierungen, die auf Grund unterlassener Vermeidungs- und Minde-

2

rungsmaßnahmen im Sinne des Bodenschutzes entstehen, werden häufig als billigeres Übel angesehen.

2.4 Lösungswege – Bodenschutz in den verschiedenen Projektphasen

Für den vorsorgenden Bodenschutz beim Bauen stehen praxisreife Lösungswege bereit (u. a. BMLFUW 2012, Bundesverband Boden 2013a, BUWAL 2006, DIN 19731, DVGW 2013, DWA 2015, FaBo Zürich 2003, Feldwisch 2012, Feldwisch 2014, LBEG 2014, LLUR 2014). Die wesentlichen Aufgaben und Lösungswege des vorsorgenden Bodenschutzes in den verschiedenen Projektphasen sind in Tabelle 2.1 bis Tabelle 2.3 zusammengefasst. Fotografische Beispiele zum vorsorgenden Bodenschutz beim Trassenbau können u. a. der Foliensammlung zum Vortrag „Bodenkundliche Baubegleitung – Bodenschutz beim Trassenbau" auf der BGR-LBEG-Tagung „Energiewende – ein Thema für den Boden?" eingesehen werden[2.]

Tabelle 2.1 Planungsphase – Leistungen eines bodenkundlichen Fachbeitrags

Leistungen	Zielsetzungen / Ergebnisse
Auswerten von Grundlagendaten/-karten • Bodenkarte / Bodenschätzung 1:5.000 • hydrogeologische Karte • ggf. vorhandene Dränkarten • Baugrunduntersuchungen • Geologische Karte • Digitales Geländemodell • Altlastenkataster • digitale Bodenbelastungskarten • weitere Quellen	• Erfassen vernässter, verdichtungs-empfindlicher u. schutzwürdiger Böden • Erfassen von Bodenartenschichtungen • Erfassen von Dränungen • Erfassen von reliefbedingten Zuflussbereichen • Darstellen der Schadstoffsituation (horizontal und vertikal) • Erfassen und Bewerten nat. Bodenfunktionen u. Archivfunktionen (Schutzwürdige Böden)
Bodenkundliche Kartierung, nach Bedarf	• Ergänzen der digital vorliegenden Geodaten
Identifizieren **kritischer Bauprozessen**, die regelhaft Böden beeinträchtigen können	• Fokus auf kritische Prozesse und Abläufe lenken
Ableiten von **Vermeidungs- und Minderungsmaßnahmen**	• Darlegen in den Antragsunterlagen und Berücksichtigen im Bau-LV (Beispiele: Begrenzung des Baufeldes; Baustraßen / Baggermatratzen in empfindlichen Abschnitten; Vorhalten von ausreichend Flächen zur getrennten Bodenzwischenlagerung; Ausflockung/Abzäunung von Tabuflächen; etc.)

---

[2] http://www.ingenieurbuero-feldwisch.de/pdf/Feldwisch_BGR_LBEG_150312.pdf

Tabelle 2.2 Bauvorbereitungsphase (Bauleistungsverzeichnis) – nach Baurechtserlangung beratende Leistungen der Bodenkundlichen Baubegleitung

Leistungen	Zielsetzungen / Ergebnisse
Bodenschutzkonzept für die Ausschreibung / Bau-Leistungsverzeichnis	• Festschreiben der notwendigen Schutzmaß-nahmen im Bauablauf
Überprüfen des Bau-Leistungsverzeichnisses auf bodenschädliche Inhalte	• Vermeiden von unnötigen Beeinträchtigungen
Technische Spezifikationen notwendiger Vermei-dungs-/Minderungsmaßnahmen wie z. B. Vorgaben zu Laufwerken, zu Baustraßen etc.	• Gewährleistung eines notwendigen Schutzni-veaus • Angebotstransparenz für die Bauunternehmer • Vermeiden von Nachträgen und unkalkulierba-ren Kostensteigerungen • Vermeiden von Bauverzögerungen • Verfahrenssicherheiten

Tabelle 2.3 Bauausführungsphase – Leistungen der Bodenkundlichen Baubegleitung

Leistungen	Zielsetzungen / Ergebnisse
Beratung der Bauleitung und Bauüberwachung bei bodenschutzfachlichen Aufgaben	• Zulassungskonforme Umsetzung der Baumaß-nahme • Bei Bedarf: Empfehlung von Maßnahmen des Bodenschutzes bei unvorhersehbaren Beein-trächtigungen • Im Falle eklatanter Mängel der Planung / Zu-lassung: Aufklärung des Vorhabensträgers über die Verletzung rechtlicher Vorsorgepflich-ten im Umwelt- und spezielle des Boden-schutzrechtes sowie Empfehlung geeigneter Maßnahmen zur Heilung der Mängel. (Ggf. kann dadurch ein Plan- und Zulassungsände-rung ausgelöst werden, über die der Vorha-bensträger in Abstimmung mit der Zulassungs-behörde zu entscheiden hat.) • Vermeidung negativer Auswirkungen des Vor-habens in Folge baubedingten Bodenschäden
Fachliche Einweisung der am Bau Beteiligten hinsichtlich der Belange und Maßnahmen des Bodenschutzes	• Anforderungen des vorsorgenden Bodenschut-zes allen Beteiligten verständlich darstellen. • Verantwortlichkeiten und Umgang mit Regel-verstößen klären.
Kontrolle der Auflagen (Schutz- und Beschrän-kungsmaßnahmen) und LV-Inhalte zum Boden-schutz	• Unterstützung des Vorhabensträgers bei der zulassungskonformen Umsetzung. • Grundlage schaffen für die Mängelbeseitigung durch das Bauunternehmen.
Dokumentation von Bodenbeeinträchtigungen /-schäden	• Räumliche Zuordnung erforderlicher Rekultivie-rungs- bzw. Sanierungsmaßnahmen. • Grundlage schaffen für die Mängelbeseitigung durch das Bauunternehmen. • Grundlage schaffen für die Flurschadensregu-lierung.
Beratung des Vorhabensträgers (und der betroffe-nen Grundstückseigentümer, ggf. der Pächter) im Hinblick auf erforderliche Maßnahmen der Folge-bewirtschaftung / Bodenruhe nach Bauabschluss	• Regeneration des Bodengefüges zum Aufbau einer durchwurzelbaren und funktionstüchtigen Bodenschicht • Vermeidung von Folgeschäden durch eine zu frühzeitige Wiederinnutzungsnahme durch die Land- und Forstwirtschaft

2

Autor

Dr. agr. Norbert Feldwisch

Sachverständiger für Bodenschutz und Altlasten

Vizepräsident des Bundesverbandes Boden e. V.

Ingenieurbüro Feldwisch

Karl-Philipp-Straße 1

51429 Bergisch Gladbach

n.feldwisch@ingenieurbuero-feldwisch.de

Literatur

BMLFUW – Bundesministerium für Land- und Forstwirtschaft, Umwelt und Wasserwirtschaft Österreich (Hrsg.) (2012): Richtlinien für die sachgerechte Bodenrekultivierung land- und forstwirtschaftlich genutzter Flächen.
http://www.bmlfuw.gv.at/publikationen/land/RL_sachgerecht_boden.html

Bundesverband Boden (2013a): Bodenkundliche Baubegleitung BBB. Leitfaden für die Praxis. BVB-Merkblatt Band 2. Berlin, Erich Schmidt Verlag. 110 S.

Bundesverband Boden (2013a): Bodenkundliche Baubegleitung BBB. Leitfaden für die Praxis. BVB-Merkblatt Band 2. Berlin, Erich Schmidt Verlag. 110 S.

Bundesverband Boden e. V. (2013b): Stellungnahme zur Verordnung zur Festlegung von Anforderungen für das Einbringen oder das Einleiten von Stoffen in das Grundwasser, an den Einbau von Ersatzstoffen und für die Verwendung von Boden und bodenähnlichem Material (Mantelverordnung, Entwurf 31.10.2012). Stellungnahme vom 7. Februar 2013
http://www.bvboden.de/images/texte/stellungnahmen/BVB-Stellungnahme%20Arbeitsentwurf%20Mantelverordnung_31102012.pdf

BUWAL – Bundesamt für Umwelt, Wald und Landschaft Schweiz (Hrsg.) (2006): Bodenschutz beim Bauen. Leitfaden Umwelt Nr. 10. Bern.

DIN 19731 (Deutsches Institut für Normung, Hrsg.): Verwertung von Bodenmaterial 05/1998. Beuth Verlag GmbH, Berlin.

DVGW (2013): Bodenschutz bei Planung und Errichtung von Gastransportleitungen. Merkblatt DVGW G 451 (M), September 2013. Deutscher Verein des Gas- und Wasserfaches e.V., Bonn.

DWA – Deutsche Vereinigung für Wasserwirtschaft, Abwasser und Abfall e. V. (Hrsg.) (2015): Ökologische Baubegleitung bei Gewässerunterhaltung und -ausbau. Merkblatt DWA-M 619. Hennef.

2

FaBo – Fachstelle Bodenschutz Kanton Zürich (2003): Richtlinien für Bodenrekultivierungen. Baudirektion des Kantons Zürich, Amt für Landschaft und Natur, Fachstelle Bodenschutz, Walcheplatz 2, Zürich.
http://www.aln.zh.ch/dam/baudirektion/aln/bodenschutz/bauen/pdf/richtlinien_fuer_bodenreku ltivierungen.pdf

Feldwisch, N. (2012): Vorsorgender Bodenschutz bei Baumaßnahmen zur Verbesserung der Gewässerstruktur und der Durchgängigkeit. Hrsg. vom Hessischen Landesamt für Umwelt und Geologie, Wiesbaden. Schriftenreihe: Böden und Bodenschutz in Hessen. Heft 10.

Feldwisch, N. (2014): Auswirkungen auf den Boden. In: P.-S. Storm & T. Bunge (Hrsg.): Handbuch der Umweltverträglichkeitsprüfung. Loseblattwerk, Lfg. 3/14. Kennzahl 2305. Berlin: Erich Schmidt Verlag.

Feldwisch, N. (2014): Auswirkungen auf den Boden. In: P.-S. Storm & T. Bunge (Hrsg.): Handbuch der Umweltverträglichkeitsprüfung. Loseblattwerk, Lfg. 3/14. Kennzahl 2305. Berlin: Erich Schmidt Verlag.

LBEG – Landesamt für Bergbau, Energie und Geologie Niedersachsen (Hrsg.) (2014): Bodenschutz beim Bauen. Ein Leitfaden für den behördlichen Vollzug in Niedersachsen. GeoBerichte 28, Hannover.

LLUR – Landesamt für Landwirtschaft, Umwelt und ländlichen Raum Schleswig-Holstein (Hrsg.) (2014): Leitfaden Bodenschutz auf Linienbaustellen. Kiel.

3 Erdverkabelung aus Sicht der Landwirtschaft

Dr. Kirsten Madena

Die deutsche Energielandschaft steht durch die Förderung der erneuerbaren Energien neuen Herausforderungen im Bereich der Erzeugung, Speicherung und Verteilung der Energie gegenüber. Ein wesentlicher Schlüsselfaktor ist dabei die Verteilung des erzeugten Stromes in alle Regionen. Im Zuge der bereits begonnenen aber auch der geplanten Netzerweiterung (Bsp.: Trassenkorridor SuedLink) sind bauliche Tätigkeiten, wie die Errichtung von Freilandleitungen oder die Verlegung von Erdkabeln, erforderlich. Durch die Anbindung der Offshore-Windkraftanlagen (Nordsee) ans Festland ist Niedersachsen besonders durch diese Baumaßnahmen betroffen.

Wie bei einer Vielzahl an Infrastrukturmaßnahmen sind insbesondere Erdkabelverlegungen mit Flächeneingriffen verbunden. Neben den direkten Beeinträchtigungen durch die eigentlichen Baumaßnahmen sind Nachnutzungen in den Trassenbereichen oftmals nur eingeschränkt möglich. Darüber hinaus werden die Bodeneigenschaften der betroffenen Flächen durch die Bautätigkeiten verändert und die natürlichen Funktionen des Bodens (Bundes-Bodenschutzgesetz; BBODSCHG, 1998) eingeschränkt. Regulierende Eigenschaften im Bereich des Wasser- und Nährstoffhaushaltes, der Lebensraum für eine Vielzahl an Mikroorganismen, Pflanzen, Tiere und auch den Menschen sowie die Funktion des Bodens als landwirtschaftliche Produktionsstätte gehen verloren

3.1 Flächenkonkurrenz im ländlichen Raum

Der ländliche Raum ist durch eine Vielzahl an unterschiedlichen Nutzungsansprüchen geprägt, die oftmals mit einem Verbrauch an Fläche verbunden sind. Dieser Verbrauch entspricht physisch zwar nicht direkt einer Flächenreduzierung; jedoch ist die zur Verfügung stehende Fläche begrenzt und kann nicht vermehrt werden. Eine Inanspruchnahme führt somit zu einer Einschränkung weiterer Nutzungsmöglichkeiten und zu Nutzungskonkurrenz. Daher besteht die Notwendigkeit, die an den ländlichen Raum gestellten Nutzungsansprüche zu bewerten und auf eine mögliche Koexistenz der verschiedenen Nutzungsformen zu überprüfen. Dieses ist insbesondere vor dem Hintergrund des zunehmenden Flächendruckes in ländlichen Regionen ein wesentlicher Baustein in der Schaffung von Synergieeffekten.

Neben der landwirtschaftlichen Produktion von vorrangig Nahrungs- und Futtermitteln oder Energiepflanzen besteht ein Flächenbedarf für die Bereitstellung von Infrastruktur im Siedlungs- und Verkehrsbereich sowie für die Gewinnung von Rohstoffen (Berg-/ Tagebau) und für die Energieerzeugung (konventionell und regenerativ). Darüber hinaus wird Fläche für die

3

Erholung und Freizeitgestaltung des Menschen benötigt, sei es beispielsweise durch die Schaffung von Naherholungsgebieten oder durch den Bau von Freizeiteinrichtungen. Natur- und umweltschutzbezogene Vorhaben zum Schutz der Naturlandschaft, zur Förderung der Artenvielfalt oder zum Schutz des Bodens oder auch des Wassers stellen ebenfalls Ansprüche an die Verfügbarkeit von Fläche (Abb. 3-1). Insbesondere die Gewinnung von Rohstoffen und die Produktion von Biomasse sind dabei nicht nur horizontal an die Fläche an sich, also den Grund bzw. die Aktivitätsfläche, sondern auch vertikal an den Boden als Basis für die Produktion gebunden.

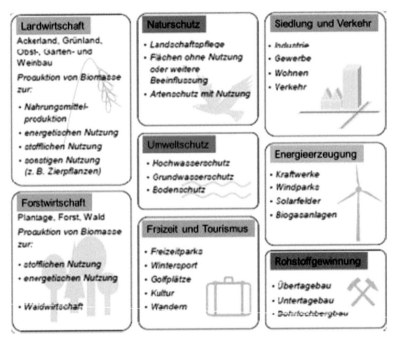

Abb. 3-1 Flächennutzungskonkurrenz im ländlichen Raum (verändert nach Rösch et al., 2008)

Der Boden ist als Bestandteil des Naturhaushaltes ein wesentliches Schutzgut und verfügt neben der Produktionsfunktion und der Archivfunktion für natur- und kulturgeschichtliche Entwicklungen über eine Vielzahl an natürlichen Bodenfunktionen, die die Lebensraumfunktion für Tiere, Pflanzen und Menschen und die Eigenschaft Stoffe zu filtern, zu puffern oder umzuwandeln, einschließt.

Der zunehmende Anspruch an den ländlichen Raum bei gleichbleibender Flächenverfügbarkeit führt zu einer Konkurrenz zwischen den unterschiedlichen Nutzungsformen. Verschärft wird diese Konkurrenz durch unterschiedliche Qualitäts-ansprüche an die Fläche und den Boden. So ist beispielsweise eine Bebauung auf Standorten, die bereits einer Versiegelung unterliegen einer Bebauung auf fruchtbarem, aus landwirtschaftlicher Sicht wertvollerem Boden vorzuziehen. In der Realität werden jedoch oftmals die leistungsfähigeren Böden stärker in die Bebauung genommen, da die Siedlungsentwicklung vorrangig in Regionen mit höherer Bodenfruchtbarkeit begonnen hat (Rösch et a., 2008). Zwar lassen sich einige wenige Nutzungsformen miteinander in Einklang bringen – wie beispielsweise eine landwirtschaftliche Energieerzeugung oder die Einbindung von Freizeit und Tourismus in den forst- und landwirtschaftlichen Bereich, größtenteils ist jedoch eine gemeinsame Flächennutzung nicht oder nur eingeschränkt möglich. Dieses gilt es zu prüfen und Überschneidungsbereiche aufzuzeigen.

Die Landwirtschaft, als wichtiger Produzent von Grundnahrungsmitteln und damit bedeutender Flächennutzer im ländlichen Raum, ist insbesondere durch Siedlungs-, Infrastruktur- und Verkehrsmaßnahmen sowie durch naturschutzfachliche Kompensationsmaßnahmen betroffen. Wichtige Produktionsflächen werden der Nahrungs-, Futtermittel- und Energiepflanzenproduktion oftmals dauerhaft entzogen und die Bewirtschaftung durch Flächenzerschneidung oder -teilung erschwert. Von 1992 bis 2013 reduzierte sich die landwirtschaftliche Nutzfläche um mehr als 890.000 Hektar (Abb. 3-2). Im gleichen Zeitraum erhöhte sich der Flächenbedarf für Siedlung und Verkehr um rund 818.000 Hektar. Trotz abnehmender Tendenz werden heute noch etwa 73 Hektar pro Tag bebaut oder anderweitig versiegelt (Stand 2013; DBV, 2015). Dieses erfolgt oftmals zu Lasten produktiver landwirtschaftlicher Standorte und entspricht einer Fläche von nahezu 104 Fußballfeldern.

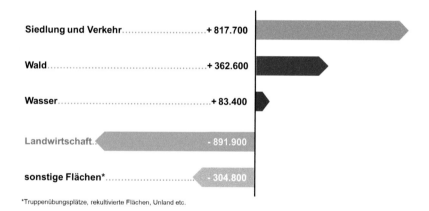

Abb. 3-2 Flächenverbrauch in Deutschland von 1992 – 2013 (Angaben in Hektar) (verändert nach DBV, 2015)

Auch die Erzeugung regenerativer Energien und der Ausbau des Stromversorgungsnetzes treten zunehmend in Konkurrenz zur landwirtschaftlichen Produktion. Der Wunsch, regenerativ erzeugte Energie aus den Produktionsräumen in weiter entfernte Verbrauchsregionen zu transportieren, wie beispielsweise küstennah produzierte Windenergie in den küstenfernen städtischen Bereich, bedarf einer Anpassung der Infrastruktur. Alle Leitungstrassen führen u. a. aufgrund von Abstandsvorgaben zu Siedlungsstrukturen vorrangig über land- und forstwirtschaftlich genutzte Flächen. In Deutschland ist der Ausbau des Stromverteilungsnetzes in Form von Freileitungen und, in vier Pilotregionen in Teilabschnitten, über Erdverkabelung vorgesehen. Während bei der Verlegung von Freileitungen der Flächenverbrauch durch die Maststandorte sichtbar ist, wird oftmals davon ausgegangen, dass durch eine Verlegung von Erdkabeln keine weitere Fläche in Anspruch genommen wird und keine Auswirkungen auf Grund und Boden zu erwarten sind. Dieses ist nur in Teilen richtig. Zwar erfolgt keine Versiegelung durch die Mastfundamente und die Bebauungs- und Bewirtschaftungsauflagen im Bereich der Leiterbahnen entfallen, jedoch bestehen bei einer Erdverkabelung kurzfristig indirekte Flächenverluste im Zuge der Bautätigkeit und langfristig über die sich in diesem Bereich ergebenen Bewirtschaftungsauflagen. Ein direkter Flächenentzug für andere Nutzungsformen ergibt sich durch die entlang des Trassenverlaufs notwendigen Bauwerke und durch Kompensationsmaßnahmen, die vielfach auf landwirtschaftlichen Flächen umgesetzt werden.

Während der Bautätigkeit erfolgt ein erheblicher Eingriff in den Boden. Bodenmaterial wird abgetragen, zwischengelagert und wieder eingetragen sowie Fremdmaterial angeliefert und in den Boden eingebracht. Dafür sind Lagerflächen, Fahrwege und Zuwegungen erforderlich, die zwar größtenteils wieder rückgebaut werden, aber oftmals durch eine starke Verdichtung des Bodens (Bodenschadverdichtung) gekennzeichnet sind.

Temporär ist bei der Verlegung von Erdkabeln von einem Arbeitsstreifen von 45 m auszugehen (Regelprofil eines 380-kV-Kabelgrabens mit 2 Systemen à 2 x 3 Phasen; TenneT, 2015). Innerhalb dieses Arbeitsstreifens ist die Kabeltrasse in einem Stabilisierungskörper eingebettet, der sie vor äußeren Auswirkungen schützt. Fremdmaterial, in Form von Beton oder Zusatzstoffe für die Herstellung eines Flüssigbodens, werden dafür eingebracht. Ein definierter Schutzstreifen im Bereich der engeren Trassenzone kann eine Breite von bis zu 25 m umfassen und ist durch kurz- und langfristige Bewirtschaftungsauflagen (langfristig: z. B. keine tiefwurzelnden Kulturen) und das Verbot der Bebauung gekennzeichnet. Im Vergleich zu Wechselstromkabeln ist bei der Verlegung von Gleichstromkabeln von einer etwas geringeren Flächenausdehnung auszugehen (Pro-Erdkabel-Neuss, 2015).

Ein direkter Flächenentzug erfolgt, neben der Umsetzung flächenbezogener Kompensationsmaßnahmen, über erforderliche Bauwerke. Alle 700 bis 800 m ist aus technischen Gründen eine Verbindung einzelner Erdkabelstränge durch Muffen notwendig. Im Falle einer Störung ist ein Zugriff auf diese Verbindungsbereiche durch garagengroße Muffenbauwerke möglich (Diermann, 2014). Neben den Muffenbauwerken ist die Errichtung von Kabelübergangsanlagen erforderlich, an denen die Erdkabelsysteme auf das Freileitungssystem - oder anders herum – übertragen werden. Kabelübergangsanlagen mit einem Portal für zwei Kabelsysteme können Ausmaße von 50 m x 50 m (2.500 m) erreichen (Oswald, 2009). Zur Umwandlung von Gleichstrom (Transport über längere Distanzen) in Wechselstrom (Verteilungsnetz) sind, wie bei reinen Freileitungssystemen auch, Konverterstationen erforderlich, die auf einer Fläche von bis zu 100.000 m² errichtet werden (Amprion, 2014).

Aus landwirtschaftlicher Sicht besteht somit ein direkter und indirekter Flächenverlust durch den Netzausbau bzw. die Erdverkabelung.

3.2 Nutzungseinschränkungen durch Erdverkabelung

Neben einem dauerhaften Flächenverlust durch Bauwerke oder Flächenzerschneidungen bzw. -teilungen durch u. a. neue Zuwegungen, ist die landwirtschaftliche Nutzung während der Bauphase nur eingeschränkt möglich. Bestehende direkte Zuwegungen zu weiteren landwirtschaftlichen Flächen können gegebenenfalls durch die Trassenführung nicht mehr genutzt werden und damit Umwege erforderlich sein. Dadurch sind notwendige Bestell-, Pflege- und Erntearbeiten unter Umständen nicht durchführbar. Auch kann eine durch die Baumaßnahmen höherer Frequentierung landwirtschaftlicher Nutzwege zu einer Schädigung dieser Wege und damit zu einer nachfolgend eingeschränkten Befahrbarkeit führen.

Auf dem Arbeitsstreifen selbst bzw. in direktem Bauumfeld ist während der Bautätigkeit eine Flächenbestellung nur eingeschränkt bzw. auf dem Arbeitsstreifen nicht möglich. Nach Baufertigstellung ist eine bodenschonende Rekultivierung erforderlich. Das Bodenmaterial wird entsprechenden seines ursprünglichen Aufbaus (Ober- / Unterboden) wieder in die Trassengräben eingebracht und die Fläche bei Bedarf einer Melioration (u. a. Tiefenlockerung) unterzogen. Die natürlichen Bodenfunktionen sollen auf diese Weise so weit wie möglich wieder hergestellt und Bodenschadverdichtungen in größeren Tiefen behoben werden. Eine nachfolgende Ruhephase in den Wintermonaten zur Restabilisierung sowie eine angepasste Folgebewirtschaftung dienen der Wiederherstellung der Bodenfruchtbarkeit und der Ertragsfähigkeit der Böden (LLUR, 2014). Beginnend im Jahr nach der Ansaat der Erstbegrünung sind im Rahmen der Folgebewirtschaftung Bearbeitungs- und Anbauauflagen für drei bis maximal acht Jahre zu befolgen. In diesem Zeitraum ist auf den Anbau von Hackfrüchten oder spät zu erntenden Kulturen, wie Mais oder Zuckerrüben, zu verzichten (LLUR, 2014). Aber auch nach einer erfolgreichen Schlussabnahme (i. d. R. nach Beendigung der Folgebewirtschaftung) und Freigabe der Fläche für die weitere landwirtschaftliche Nutzung sind im Bereich des Schutzstreifens Nutzungseinschränkungen, wie das Verbot der Bebauung und des Anbaus bzw. der Anpflanzung tiefwurzelnder Kulturen, zu beachten. Sowohl während der Bau- und Rekultivierungsphase als auch nach Beendigung des Vorhabens entstehen somit durch Nutzungseinschränkungen Ertragsverluste. Doch auch im Falle eines Erdkabelschadens sind durch Reparatur- und Sanierungsarbeiten mit Beeinträchtigungen der landwirtschaftlichen Produktion und Ertragsverlusten zu rechnen. Eine Reparatur des direkt in das Erdreich (ohne Leerrohr) verlegten Erdkabels ist mit erneuten Bodeneingriffen und Veränderung der Bodeneigenschaften verbunden.

Aus landwirtschaftlicher Sicht sind neben dem Flächenverbrauch die möglichen negativen Veränderungen der Bodeneigenschaften und damit die Beeinträchtigung der Bodenfunktionen eine zentrales Thema. Im Trassenbereich können sich insbesondere bei empfindlichen Böden, wie Grundwasserböden, feinkörnige und organische Böden, über einen langen Zeitraum hinweg oder auch dauerhaft die Bodeneigenschaften und damit die Anbaubedingungen verändern und gegebenenfalls zu Aufwuchsschäden führen.

Wesentlich Veränderungen durch die baulichen Eingriffe erfahren vor allem physikalische und hydraulische Bodeneigenschaften und somit auch die daran gekoppelten Bodenfunktionen (Tab. 3.1).

So können u. a. die mechanische Belastung und der Eintrag standortfremden Materials unter-

Tabelle 3.1 Mögliche negative Beeinträchtigungen der Bodeneigenschaften/ Bodenfunktionen durch die Erdverkabelung

mögliche Beeinträchtigung	Folge
Bodenverdichtung	Stauwasser, Erosion, Luftmangel
Gefügeveränderung / Bodenvermischung	Änderungen im Wasser-, Nährstoffhaushalt, Bodenstabilität
Volumenverlust	Sackung durch Entwässerung / Belüftung organischer Substanz
Stoffeintrag	chemische Belastung
Bodenerwärmung	partielle Austrocknung

schiedlicher Zusammensetzung zu einer Bodenschadverdichtung führen, die durch eine nachteilige Veränderung der Bodenstruktur und eine Abnahme des Porenvolumens gekennzeichnet ist. Die Folge sind Änderungen im Wasser-, Gas- und Wärmehaushalt des Bodens. Indirekt werden die Bodenentwicklung, die biologische Aktivität und die Durchwurzelbarkeit beeinflusst sowie die vertikale Wasserleitfähigkeit eingeschränkt. Folgen sind beispielsweise Stauwasserbildung und die Reduzierung der Grundwasserneubildung (Blume et al., 2011). Die u.a. durch eine Verdichtung des Bodens hervorgerufene Reduzierung des Luftaustausches führt zu einer Einschränkung der mikrobiellen Aktivität. An bestimmten Standorten hat dieses nachteilige Folgen für den Artenbestand des Bodens. Nur wenige Pflanzen und Bodenlebewesen können sich den veränderten Bodenbedingungen anpassen (BMI, 1985). Bei Böden mit einem hohen Anteil organischer Substanz können im Zuge der baulichen Entwässerung und der damit einhergehenden Belüftung Volumenverluste durch Sackung, Schrumpfung und Mineralisation auftreten. Die während des Netzbetriebes im Kabel erzeugte Wärme, unter Volllast sind Temperaturen von bis zu 70° C möglich, kann entlang des Trassenverlaufs eine partielle Austrocknung hervorrufen. Die Änderungen im Bodenluft, Bodenwasser-, und –nährstoffhaushalt

können zu einer unterschiedlichen Wasser- und Nährstoffversorgung der Pflanzen und zu unterschiedlichen Bewirtschaftungsvoraussetzungen durch früheres Auftauen oder stärkere Austrocknung entlang der Erdkabeltrasse führen. Alle diese genannten Faktoren bedingen somit eine nachteilige Veränderung der natürlichen Bodenfunktionen und somit auch eine reduzierte pflanzliche Produktionsleistung.

Neben der Form der mechanischen Belastung ist die Ausprägung der oben genannten Bodenveränderungen stark standortabhängig (Bodenart, klimatischen Bedingungen) und daher standortbezogen zu bewerten. So weisen leichtere Sandböden unter Ackernutzung in der Regel eine höhere Verdichtung unterhalb des Pflugbereiches auf und sind durch Vibration verursachte Sackungsverdichtungen gefährdet, die zu tiefgreifenden und langanhaltenden Gefügezerstörungen führen. Schwere tonige Böden werden bei höheren Wassergehalten durch Zerknetung über den gesamten Druckbereich verdichtet (Blume et al., 2011). Dieses gilt umso mehr auch für die Auswirkungen baulicher Tätigkeiten auf den Boden, die sich bei tiefreichenden Erdarbeiten auch auf den Unterboden auswirken können.

Um einem sparsamen und schonenden Umgang mit Grund und Boden, wie es auch im geltenden Baugesetzbuch (BAUGB, 2013) in § 1 a Ziffer 2 gefordert ist, gerecht zu werden, bedarf es somit einer standortbezogenen Bewertung der Bodenverhältnisse und der pflanzenbaulichen Ertragspotenziale.

Während im Offshore-Bereich, beispielsweise durch die Anbindung von Inseln an die Festlandregionen, bereits weitgehende Erkenntnisse hinsichtlich der Auswirkungen der Erdverkabelung auf das Umfeld vorliegen, haben sich bisher nur wenige Studien mit der Quantifizierung der langfristigen Auswirkungen auf den Boden und die Anbaubedingungen auf dem Festland beschäftigt (Rudolph, 2014). Im Rahmen einer dieser Studie wurde an der Universität Freiburg die Auswirkungen der Wärmeabgabe einer Kabeltrasse auf den Bodenwasser- und Bodenwärmehaushalt sowie den Pflanzenertrag in Feldexperimenten simuliert (Trüby, 2012). Die Simulation der Wärmeabgabe erfolgte mittels einer Heizanlage, die von 2006 bis 2009 jeweils sporadisch über mehrere Monate hinweg Betriebstemperaturen von 40° C bis 70° C im Untergrund erzeugte. Die untersuchten Kartoffel- und Getreidekulturen wiesen zwar keine wesentlichen Ertragsdefizite auf, eine Übertragbarkeit auf die landwirtschaftliche Praxis ist nach Trüby (2012) jedoch aufgrund des Versuchscharakters nicht möglich. Die durchgeführten Experimente haben somit rein qualitativen Charakter und sind nicht dazu geeignet, mögliche Ertragsveränderungen exakt zu quantifizieren.

Um die direkten Auswirkungen einer bestehenden Kabeltrasse auf den Boden erfassen zu können, wurde seitens des Netzbetreibers Amprion GmbH und des Westfälisch-Lippischen Landwirtschaftsverbandes ein Vierjahresprojekt gestartet. Entlang einer in 2015 fertiggestellten 3,4 Kilometer langen Erdkabeltrasse in der Region Raesfeld (Nordrhein-Westfalen) werden seit 2014 in den ersten Bauabschnitten die Bodentemperatur und Bodenfeuchte mittels Sensoren erfasst (Wilhelm; 2014). Die ermittelten Daten sollen Rückschlüsse auf die Auswirkungen des realen Kabelbetriebes auf das Umfeld geben.

Gezielte Untersuchungen zu möglicherweise durch Erdkabel induzierte nachteilige Veränderungen in den Ertragsbedingungen auf Ackerstandorten in einer Marschregion erfolgten 2014 im Rahmen einer Studie der Landwirtschaftskammer Niedersachsen (im Auftrag der TenneT GmbH). Erste Ergebnisse zeigen, dass die drei untersuchten Getreidestandorte fünf Jahre nach Trassenfertigstellung (HGÜ) durch eine reduzierte Jungendentwicklung im Bereich des Trassenverlaufs gekennzeichnet waren. Aufgrund der sehr guten Witterungsbedingungen in 2014, verbunden mit der Ausbildung kräftigerer Ähren, spiegelte sich dieses jedoch nicht im Ertrag wieder.

Es zeigt sich somit, dass die Auswirkungen einer Erdverkabelung auf die Bodenverhältnisse und damit verbunden auf die pflanzenbaulichen Ertragspotenziale sowohl in Bezug auf die unterschiedlichen Standortbedingungen als auf die zeitliche Variabilität (z. B. Witterung, klimatische Veränderungen) noch weiterer Untersuchungen bedürfen. Nur durch die Gewinnung detaillierter Erkenntnisse ist eine abschließende Beschreibung der Nutzungseinschränkungen für die Landwirtschaft möglich.

3.3 Netzausbau und Landwirtschaft

Die Erzeugung regenativer Energien ist ein wesentlicher Bestandteil der Energiewende und wird aus energie- und klimapolitischen sowie wirtschaftlichen und räumlichen Gesichtspunkten durch die Landwirtschaft unterstützt (VLK, 2012). Da das für die Ableitung dezentral erzeugter regenerativer Energie sowie regionaler Energieüberschüsse erforderliche Stromnetz vorrangig den ländlichen Raum durchschneidet, sind aus landwirtschaftlicher Sicht verschiedene Aspekte beim Netzausbau, und dabei insbesondere bei der Verlegung von Erdkabeln, zu berücksichtigen (Abb. 3-3).

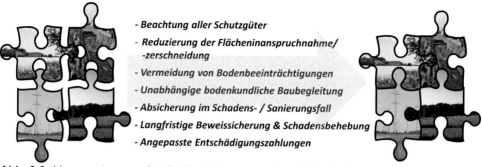

- *Beachtung aller Schutzgüter*
- *Reduzierung der Flächeninanspruchnahme/ -zerschneidung*
- *Vermeidung von Bodenbeeinträchtigungen*
- *Unabhängige bodenkundliche Baubegleitung*
- *Absicherung im Schadens- / Sanierungsfall*
- *Langfristige Beweissicherung & Schadensbehebung*
- *Angepasste Entschädigungszahlungen*

Abb. 3-3 Voraussetzungen für die Vereinbarung von Landwirtschaft und Netzausbau (eigene Darstellung)

3

Diese sind unabhängig von der gewählten Übertragungstechnik, Wechsel- oder Gleichstromerdkabel, gültig. Erdkabel der Wechselstromtechnik sind über die generellen Bodenbeeinträchtigungen durch den Eingriff hinaus durch eine stärkere Wärmeabgabe, starke Wechselfelder und eine größere Verlegungsbreite gekennzeichnet (Pro-Erdkabel-Neuss, 2015).

Bei der Trassenplanung sind alle Schutzgüter gleichermaßen zu beachten. Bisher liegt der Fokus der Betrachtungen auf den Schutzgütern Fauna, Flora, Landschaftsbild und den Menschen allgemein. Der Boden ist jedoch mit seinen natürlichen Bodenfunktionen ein wichtiger Bestandteil des Naturhaushaltes und wesentliche Produktionsgrundlage für die Landwirtschaft. Er ist somit bei der Betrachtung der Umweltauswirkungen ebenso zu berücksichtigen wie das Schutzgut Kulturlandschaft, das wesentlich durch die Landwirtschaft geprägt wird. Alle Flächennutzungsansprüche, wie auch die Entwicklungsmöglichkeiten der landwirtschaftlichen Betriebe, sind in die Netzausbauplanungen mit einzubeziehen.

Die Flächeninanspruchnahme bzw. -zerschneidung ist sowohl bei der Planung und den Bautätigkeiten als auch bei der Umsetzung von trassenbezogenen Kompensationsmaßnahmen zu minimieren. Insbesondere bei der Planung von Kompensationsmaßnahmen sind flächenschonende Maßnahmen, wie die Aufwertungen bestehender Naturschutzflächen oder die Entsiegelung und naturnahe Gestaltung bereits genutzter Flächen, bevorzugt umzusetzen.

Im Zuge der Bautätigkeiten sind negative Bodenbeeinträchtigungen zu vermeiden und die natürlichen Bodenfunktionen nach Baufertigstellung wiederherzustellen. Dieses ist über die Erstellung eines standortbezogenen Bodenschutzkonzeptes zu realisieren. Das Bodenschutzkonzept ist an die standörtlichen Gegebenheiten (Boden, Witterung, Infrastruktur, …) anzupassen und dient der Minimierung von Boden- und Gewässerbeeinträchtigungen. Es sollte neben einer genauen Standortbeschreibung einen Ablaufplan und Kriterien zur Durchführung der konkreten Baumaßnahmen vor Ort beinhalten. Darüber hinaus werden Empfehlungen zur Rekultivierung bzw., wenn erforderlich, zu Meliorationsmaßnahmen, zur Folgebewirtschaftung (Zeitraum von drei bis acht Jahren nach Erstbegrünung) und zur Nachnutzung aufgeführt. Um die Auswirkungen durch die konkrete Bautätigkeit belegen zu können, sind im Zuge der Beweissicherung bodenbezogene Bewertungsparameter festzulegen und diese sowohl vor Beginn der Baumaßnahme als auch nach Fertigstellung zu ermitteln. Ein Abgleich der Vorher- / Nacher-Daten ermöglicht die genauer Einschätzung der verursachten negativen Bodenveränderungen und stellt die Grundlage für die Planung möglicherweise notwendiger Nachsorgemaßnahmen (z. B. Tiefenlockerung) dar. Abschließend sind Angaben zur Dokumentationspflicht (Art, Umfang) in das Bodenschutzkonzept aufzunehmen.

Des Weiteren ist aus landwirtschaftlicher Sicht eine unabhängige bodenkundliche Baubegleitung erforderlich. Diese sollte in enger Abstimmung mit den Eigentümern und Bewirtschaftern erfolgen, um deren Erfahrungen und Standortkenntnisse in die Gestaltung der Bauausführung mit einzubeziehen. Dadurch ist einerseits eine standortangepasste Bauausführung möglich und Bauverzögerungen durch Überraschungsfunde (z. B. Altlasten) können gegebenenfalls vermieden werden. Anderseits wird die Akzeptanz des Netzausbaus durch Einbeziehung der Betroffenen erhöht.

Die Vorgehensweise bei auftretenden Schadens- / bzw. Sanierungsfällen, die einen erneuten Flächeneingriff erfordern oder die auf nicht direkt durch die Bautätigkeit betroffenen Flächen auftreten, ist vertraglich zu regeln. Auch die Erfassung und Bewertung möglicher negativer Auswirkungen auf den Boden, das Grund- und Oberflächenwasser oder die Pflanzen sind im Zuge einer langfristigen Beweissicherung durchzuführen. Wie auch die bodenkundliche Baubegleitung hat diese durch kontinuierliche und unabhängige Kontrollen zu erfolgen. Es ist aus Sicht der Landwirtschaft wichtig, dass ökologische und ökonomische Spätfolgen anerkannt, behoben oder ausgeglichen werden.

Grundsätzlich sind die im Zuge des Netzausbaus verursachten Nutzungseinschränkungen und Schäden auf den land- und forstwirtschaftlichen Flächen zu beheben und / oder durch angemessene Ausgleichzahlungen zu entgelten. Diese Zahlungen umfassen Entschädigungen aufgrund von

I) Flächenverlusten,

II) Beeinträchtigungen der Bodenfunktionen,

III) Aufwuchsverluste / Ertragseinbußen (während und nach der Bautätigkeit),

IV) Bewirtschaftungserschwernissen,

V) Wertminderung der Fläche durch Nutzungsauflagen / -einschränkungen,

VI) dauerhafter Nutzung von Grund und Boden zur Stromübertragung (Grunddienstbarkeit),

VII) prämienrechtlichen Einbußen durch reduzierte Bewirtschaftungsfläche während der Bau- / Rekultivierungsphase.

Die Entschädigungszahlungen sollte in Abstimmung mit den landwirtschaftlichen Berufsverbänden (Landesbauernverbände) festgesetzt werden. Neben ein- und mehrmaligen Ausgleichszahlungen für die direkt mit den Bautätigkeiten zusammenhängenden Schäden (z. B. mehrmaliger Ernteausfall bei längerer Bauzeit) sind auch Zahlungen auf jährlicher Basis bei langfristigen Beeinträchtigungen vorzusehen. Wesentlich sind auch hier die lokalen Gegebenheiten und Standorteigenschaften, die in die Bewertung mit einfließen müssen.

3.4 Zusammenfassung

Die Ziele der Energiewende werden grundsätzlich durch die Landwirtschaft unterstützt. Ein im Zuge der Förderung der erneuerbaren Energien erforderlicher Netzausbau kann mitgetragen werden, wenn u. a. eine frühzeitige Einbeziehung der Landwirtschaft in die Planungsprozesse und eine Diskussion auf Augenhöhe erfolgt. Dieses ist insbesondere von großer Bedeutung, da ein großer Anteil der für den Netzausbau benötigten Flächen landwirtschaftlich genutzt werden. Darüber hinaus ist bei der Planung auf eine Bündelung von Infrastrukturmaßnahmen zu achten, um den Flächenverbrauch und die Flächenzerschneidung weitestgehend zu minimieren. Dieses gilt auch für die direkten Baumaßnahmen; sie sind gezielt und mit bodenschonenden Eingriffen umzusetzen. Durch gezieltere Planungen können Bewirtschaftungserschwernisse, Aufwuchsschäden und eine zusätzliche Wertminderung der Fläche, u. a. durch eine verdichtungsbedingte Verschlechterung der Bodenfruchtbarkeit, eingeschränkt werden. Der Boden stellt eine wesentliche Produktionsgrundlage für die Landwirtschaft dar und ist mit seinen natürlichen Bodenfunktionen ein wichtiger Bestandteil des Naturhaushaltes.

Aufgrund des hohen Flächendruckes in den ländlichen Regionen sind auch die an den Netzausbau geknüpften Kompensationsmaßnahmen flächenschonend und unter Berücksichtigung agrarstruktureller Belange umzusetzen. Um den Boden und seine Funktionen zu schützen, ist neben einem bodenschonenden Umgang (Bodenschutzkonzept) eine wissenschaftlich - bodenkundliche Baubegleitung in Absprache mit den Eigentümern und Bewirtschaftern erforderlich. Weitere wichtige Bausteine zur Erhöhung der Akzeptanz in der Fläche sind eine stand-

3

ortangepasste Entschädigung für verursachte Schäden und Nutzungseinschränkungen auf Basis ein-, mehrmaliger und jährlicher Zahlungen und eine langjährige Beweissicherung hinsichtlich der Auswirkungen auf die Bodenqualität und Ertragsfähigkeit.

Unter Berücksichtigung der genannten Aspekte ist ein Netzausbau mit Unterstützung der Landwirtschaft möglich.

Autor

Dr. Kirsten Madena

Landwirtschaftskammer Niedersachsen

Fachbereich Nachhaltige Landnutzung, Ländlicher Raum

Mars-la-Tour-Str. 1-13

26121 Oldenburg

Literatur

Amprion (2014): Ultranet – Gleichstromverbindung von Osterath nach Philippsburg. Informationsbroschüre, 8 S.

BauGB (2013): Baugesetzbuch. „Bekanntmachung vom 23. September 2004 (BGBl. I S. 2414), das durch Artikel 1 des Gesetzes vom 11. Juni 2013 (BGBl. I S. 1548) geändert worden ist".

BBodSchG (1998): Gesetz zum Schutz vor schädlichen Bodenveränderungen und zur Sanierung von Altlasten (Bundes-Bodenschutzgesetz – BBodSchG). „Bundes-Bodenschutzgesetz vom 17. März 1998 (BGBl. I S. 502), das zuletzt durch Artikel 3 des Gesetzes vom 9. Dezember 2004 (BGBl. I S. 3214) geändert worden ist".

Blume, H.-P.; Horn, R.; Thiele-Bruhn, S. (Hrsg., 2011): Handbuch des Bodenschutzes – Bodenökologie und -belastung/Vorbeugende und abwehrende Schutzmaßnahmen. 4., vollständig überarbeitete Auflage, Wiley-VCH (Verlag), 758 S.

BMI – Bundesministerium des Inneren (Hrsg.; 1985): Bodenschutzkonzeption der Bundesregierung; Kolhammer Verlag.

DBV – Deutscher Bauernverband (Hrsg., 2015): Situationsbericht Boden: Moderne Landwirtschaft – Gesunde Böden. 35 S.

Diermann, R. (2014): Streit um Technologie für Erdkabel. Heise online vom 30.09.2014. http://www.heise.de/newsticker/meldung/Streit-um-Technologie-fuer-Erdkabel-2408169.html (Zugriff: Februar 2015).

LLUR – Landesamt für Landwirtschaft, Umwelt und ländliche Räume des Landes (Hrsg., 2014): Leitfaden – Bodenschutz auf Linienbaustellen. 37 S.

Oswald, B.R. (2009): Optionen im Stromnetz für Hoch- und Höchstspannung. Vortrag am 14.05.2009 in Berlin.

Pro-Erdkabel-Neuss (2015): Vergleich der Umweltbelastungen und -beeinträchtigungen bei den verschiedenen Übertragungstechniken. http://www.pro-erdkabel-neuss.de/techniken-der-erdverkabelung.html (Zugriff: März 2015).

Rösch, C.;Jörissen, J.; Skarka, J. & Hartlieb, N. (2008): Flächennutzungskonflikte: Ursachen, Folgen und Lösungsansätze – Einführung in den Schwerpunkt. In: Technikfolgenabschätzung – Theorie und Praxis 2 (17), 4 - 11.

Rudolph, W. (2014): Drunter oder drüber? agrarmanager, August 2014. S. 15 - 17.

TenneT (2015): Der Einsatz von Erdkabeln – schematische Darstellung

http://www.netzausbau-niedersachsen.de/downloads/doe-nr-kabelgraben.pdf (Zugriff: März 2015).

Trüby, P. (2012): Betrieb von Hochspannungserdkabelanlagen – Experimente zur Einschätzung der Auswirkungen auf Boden und Pflanzen. Studie im Auftrag der Amprion GmbH (Vortrag).

VLK – Verband der Landwirtschaftskammern (2012): Stellungnahme des Verbandes der Landwirtschaftskammern zum Entwurf des ersten Netzentwicklungsplanes (NEP 2012).

Wilhelm, F. (2014): Erdkabel: Landwirte wollen Klarheit. Energie & Management online, Juli 2014, http://www.energie-und-management.de/?id=84&no_cache=1&terminID=105380 (Zugriff: Februar 2015).

4 Das CableEarth-Verfahren zur ökologischen Bewertung und Optimierung der Strombelastbarkeit erdverlegter Energiekabel

Prof. Dr. Gerd Wessolek
Dr. Steffen Trinks

4.1 Einleitung

Durch die Abkehr Deutschlands von der Kernenergie hin zur Nutzung erneuerbarer Ressourcen wie Wind- und Solarenergie ergibt sich ein sehr hoher Bedarf an neuen Kabeltrassen, die in den nächsten Jahren gebaut werden müssen, um Strom vom Ort der Erzeugung zum Ort des Bedarfs zu transportieren. Ein Großteil der neuen Stromtrassen wird aus Kostengründen als Freilandleitungen geplant und gebaut. Da die gesellschaftspolitische Akzeptanz gegenüber neuen Freileitungen eher gering ist, werden Kabeltrassen verstärkt im Boden verlegt, mit entsprechenden Folgekosten (Faktor vier). Schon bei der Planung erdverlegter Kabeltrassen sind eine Reihe umweltrelevanter und technischer Fragen zu berücksichtigen, wie etwa:

Ökologische Belange bei der Planung neuer Kabeltrassen

- Beurteilung der Veränderungen des Wasser- und Wärmehaushalts von Kabeltrassen, die unter landwirtschaftlichen Flächen oder unter Naturschutzgebieten verlaufen: wie reagieren Ertrag und die Vegetation auf die Kabel- und Bodenerwärmung? Welche Möglichkeiten bestehen, um potenziell schädliche Temperatureinflüsse möglichst gering zu halten?

- Veränderung der physikalischen Bodeneigenschaften durch Verdichtung infolge des Baugeschehens und damit auf die Ertragsfähigkeit sowie

- Veränderung der Grundwassertemperatur durch den Betrieb von Kabeltrassen

Technische Fragen bei der Planung neuer Kabeltrassen

- Wie gut wird die Erwärmung der Erdkabel bei transienten Stromlasten für unterschiedliche Böden abtransportiert; wann treten kritische Manteltemperaturen von 90° C auf und wie erreicht man eine optimales technisches Design (Kabelquerschnitte, Kabeltiefen und -bestände) der Kabeltrasse?

- Lassen sich Konstruktionsdetails im Trassenverlauf optimieren?

Um die o. a. Fragen zur Übertragungssicherheit und Auslegung neuer Kabeltrassen besser beantworten zu können, hat das Fachgebiet Standortkunde und Bodenschutz an der Technischen Universität Berlin das Berechnungsverfahren CableEarth entwickelt. Es kann die Einflüsse der Standortbedingungen an einer Kabeltrasse abbilden und die daraus resultierende Kabeltemperatur numerisch berechnen. Damit ist eine bessere Prognose bzw. Ermittlung der Strombelastbarkeit von Kabeln unter variierenden Standortbedingungen und transienten Stromlasten möglich. Gleichzeitig kann das Berechnungsverfahren die Erwärmung und Austrocknung des Bodens und eine Grundwassererwärmung abbilden, so dass auch ökologische Folgeabschätzungen von geplanten Kabeltrassen im Rahmen von Umweltverträglichkeitsprüfungen (UVP) getroffen werden können.

Ein weiteres Einsatzgebiet ist der städtische Raum, der nur wenig Spielraum für den Bau neuer Kabeltrassen bietet. Hier erlaubt das CableEarth-Verfahren die transiente Stromlast bestehender Trassen besser und sicherer zu berechnen und nutzbare Übertragungsressourcen zu quantifizieren. Außerdem ist mit dem Verfahren eine gezielte Identifizierung von kritischen Übertragungs-situationen möglich, die zum Beispiel bei einer Kreuzung von Fernwärmerohre oder ungünstigen Boden- bzw. Standortbedingungen auftreten können.

In diesem Beitrag werden die Prinzipien des CableEarth-Verfahrens erläutert, Geländemessungen und Berechnungen zur Wärmeentwicklung von einer Monitoring-Kabeltrasse präsentiert sowie über Fallstudien zum Einsatz des CableEarth-Verfahrens in der Praxis berichtet.

4.2 Das CableEarth-Verfahren

Das CableEarth-Verfahren integriert die Einflüsse von Boden-, Standort- und Klimabedingungen auf eine erdverlegte Kabeltrasse, wie schematisch in Abbildung 4-1 zu sehen. Dabei werden drei verschiedene Prozessebenen miteinander verbunden:

(1) Wasser- und Wärmeregime im direkten Kabelraum

(2) Standort, Vegetation, Boden, Grundwasser

(3) Klima und Witterungsverlauf

Das Verfahren ist in der Lage, das Gesamtsystem im Hinblick auf den Wasser- und Wärmetransport im Kabelraum zu analysieren, zu bewerten und zu optimieren.

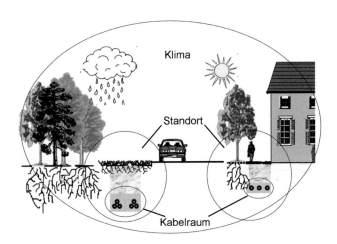

Abb. 4-1: Berücksichtigte Modellebenen beim CableEarth-Verfahren

4.2.1 Berechnungsgrundlagen

Das Modell berechnet simultan zweidimensional den Wasser- und Wärmetransport im Boden. In Abbildung 4-2 sind die Transportprozesse schematisch dargestellt. Der Wassertransport im Porenraum umfasst den Wassertransport in der flüssigen und dampfförmigen Phase, während der Wärmetransport über drei Wege erfolgt: über den Wasserfluss selbst, über den Transport in der Wasserdampfphase sowie über den Wärmetransport zwischen den Bodenpartikeln. Als treibende Gradienten wirken der Matrixpotenzialgradient und der Temperaturgradient, beide können gleichgerichtet oder auch entgegengerichtet sein.

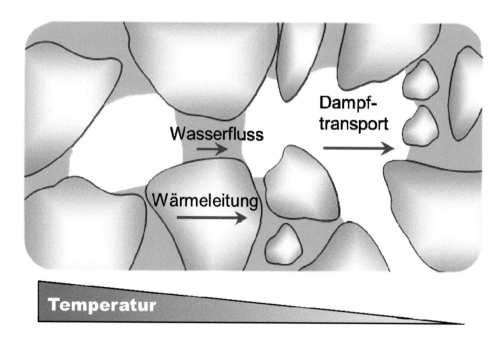

Abb. 4-2: Prinzipien des Wasser- und Wärmetransports im Boden

Für die Beschreibung der Prozessabläufe wurde das Simulationsmodell Delphin 4 verwendet und weiterentwickelt; es benutzt die von Grunewald (1997) formulierten Differenzialgleichungen für den:

Wasser-, Gas- und Energietransport; zur Lösung der drei Erhaltungsgleichungen wird ein Finite-Volumen Verfahren angewendet. Folgende Prozesse, die für Fragestellungen von erdverlegten Energiekabeln wichtig sind, können damit berechnet werden:

- Der Wärmetransport und Temperaturfelder in Kabeltrassen für unterschiedliche Bodenaufbauten, Kabeltypen und Grundwasserstände

- Der Feuchtetransport (Flüssigkeit- und Dampftransport) und die Feuchteverteilung, innere Kondensatbildung, Oberflächenkondensation sowie Einbaufeuchte, etc.) und

- Der Einfluss von Kabelkonstruktionen und Ausführungen auf den Wärmehaushalt und Wärmeabtransport im Boden

4

Abbildung 4-3 stellt schematisch die Arbeitsschritte im CableEarth-Verfahren dar. Das Prepro-cessing charakterisiert den Standort, die Trassensituation und den Boden. Standorteinflüsse sind beispielsweise Witterungsbedingungen, Grundwasserstände, Vegetation und Nutzung. Hinsichtlich der Trasse werden der Trassenaufbau, der eingesetzte Kabeltypen ebenso wie der Stromlastverlauf erfasst. Für die Durchführung der Simulation werden die Informationen des Postprocessing in die Programmdatenbanken des Modells eingebunden. Aus dem Trassenauf-bau wird eine zweidimensionale Modellgeometrie aufgebaut und diskretisiert. Damit können entsprechende numerische Studien durchgeführt werden, indem je nach Problemstellung durch Kombination oder Variation verschiedener Modellvariablen (Bodeneigenschaften, Stromlast-gang, Klimabedingungen, Verlegetiefe) Szenarien gebildet und berechnet werden. Die Ausga-ben des Modells zur Temperatur- und Feuchteverteilung sowie zu den Energie- und Wasser-flüssen werden im Preprocessing ausgewertet und interpretiert, um Schlussfolgerungen für die Strombelastbarkeit, Schwachstellenanalyse bzw. für die Umweltwirkung der Trasse zu ziehen.

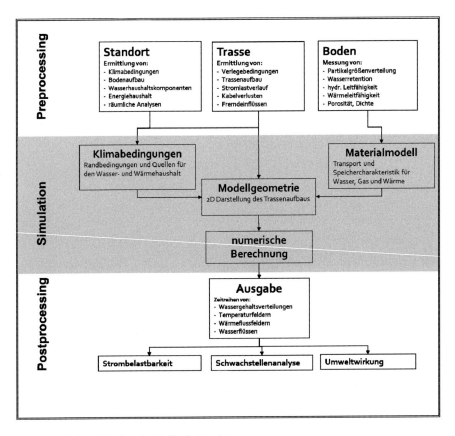

Abb. 4-3: Arbeitsschritte des CableEarth-Verfahrens

4.2.2 Berücksichtigung von Bodeneigenschaften

Der Boden einer zu bewertenden Kabeltrasse wird horizontweise durch seine hydraulischen und thermischen Bodeneigenschaften berücksichtigt. Dies erfolgt anhand von bodenkundlichen Leitprofilen, die durch Auswertung von Kartenmaterialen sowie durch Kartierungen im Gelände erhoben werden. Die hydraulischen Bodeneigenschaften dieser Profile werden entweder durch entsprechende Labormessungen ermittelt, z. B. mittels Hyprob-Messtechnik (Peters, A. and W. Durner, 2008) oder es werden gut abgesicherte Pedotransferfunktionen für bodenhydraulische Kennwerte verwendet (Renger et al., 2008, 2014). Die Wärmeleitfähigkeit der Böden muss i. d. R. gemessen werden, weil bislang kaum Messdaten für unterschiedliche Bodenarten, als Funktionen des des Bodenwassergehalts und Lagerungsdichten vorliegen. In unserer Arbeitsgruppe erfolgt dies überwiegend anhand der sogenannten Thermal-Needle-Probe Methode (ASTM, 2008; Bristow, 2002), bei der die Wärmeleitfähigkeit λ [W/mK] bei unterschiedlichen Wassergehalten während eines Austrocknungsvorgangs bestimmt wird. Abbildung 4-4 zeigt beispielhaft Ergebnisse für vier unterschiedliche Bodenarten: einem Sand, einem Lehm einem Schluff und einem Torf. Es zeigt sich, dass bei sehr geringen Wassergehalten (<5 Vol. %) die thermische Leitfähigkeit aller Substrate sehr niedrig ausfällt und die Unterschiede zwischen den Böden gering sind. Erst bei höheren Wassergehalten (> 10 Vol. %) steigt die thermische Leitfähigkeit deutlich an und erreicht beim Sand die höchsten Werte, gefolgt vom Lehm und Schluff. Torfe dagegen wirken als Isolator und zeigen über den ganzen Wassergehaltsbereich nur eine geringe Wärmeleitfähigkeit.

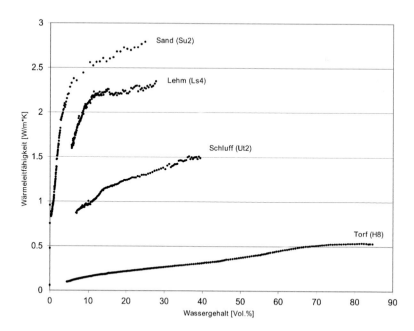

Abb. 4-4: Thermische Leitfähigkeit λ [W/mK] von vier Böden als Funktion des Wassergehalts bei einem Sand (Su2), einem Lehm (Ls4), einem Schluff (Ut2) und einem Torf (H8), Ergebnisse von Markert (2014)

4.2.3 Monitoring und Kalibrierung des numerischen Modells

Zur Entwicklung und Kalibrierung des CableEarth-Verfahrens wurde ein umfangreiches Monitoringprogramm an zwei Standorten durchgeführt:

A) an einer bestehenden Kabelstrecke, die gekennzeichnet ist mit geringen bis mittleren Stromlasten während des Jahres sowie

B) einer eigens neu angelegten Trasse zur Durchführung von Praxistests mit hohen Stromlasten.

Zunächst wird das Kabelmonitoring an einer 110 kV- Kabeltrasse im Berliner Stadtgebiet vorgestellt. Die Trasse verläuft vom Kraftwerk Reuter in nördlicher Richtung nach Berlin Wittenau. Auswahlkriterien für diese Trasse waren a) eine ganzjährige mittlere Stromlast, b) ein ausgeprägter Tagesgang der Strombelastung und c) unterschiedliche Standortbedingungen im Trassenverlauf. An zwei Positionen bzw. Standorten derselben Trasse wurden Messplätze eingerichtet:

- Unter einer Asphaltdecke (Standort Straße) und

- Unter in einem Wald aus Eichen-Kiefernforst (Standort Wald).

Die aus zwei Kabelsystemen bestehende Trasse wurde an beiden Standorten mit Kabeln in Dreiecksanordnung ausgeführt (Systemabstand 60 cm). Die beiden Standorte sind in Tabelle 4.1 näher charakterisiert.

Tabelle 4.1 Standortcharakteristik der beiden Messstationen

	Standort Straße	**Standort Wald**
Nutzung	Industriegebiet Asphaltierte Verkehrsfläche von Hecken und Bäumen umgeben	Waldgebiet Naturnaher Kiefern-Eichenforst Verlauf entlang eines Weges mit wassergebundener Decke
Boden	Podsolierte Braunerde aus Talsand	Podsolierte Braunerde aus Flugsand, reliktischer Gley
Verlegetiefe des Kabels	240 cm	170 cm
Substrat im Kabelraum	Mittelsand	Mittelsand

Zur Temperaturmessung wurden Halbleitersensoren eingesetzt, die auf den Kabelmantel aufgeklebt sowie im Kabelraum und im Oberboden installiert wurden; die Wassergehalte im Kabelraum und im Oberboden erfolgten mit FDR-Sonden. Eine Herausforderung für die Messtechnik stellte das starke magnetische Feld im Kabelraum dar. Die Sensoren wurden deshalb vor dem Einbau in einem Magnetfeld auf ihre Funktionsfähigkeit geprüft und kalibriert.

Zusätzlich wurde an jedem Standort eine Referenzstation eingerichtet, um die Temperaturen im unbeeinflussten Boden zu messen. Weiterhin erfasste eine Wetterstation den Niederschlag, die Lufttemperatur und -feuchte, die in 30-minütigen Intervallen von einem Datenlogger aufgezeichnet wurden. Der Aufbau und Instrumentierung für den Standort Wald sind exemplarisch in Abbildung 4-5 dargestellt.

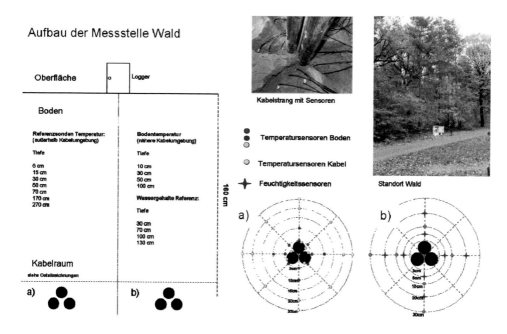

Abb. 4-5: Messplatz unter Wald zur Erfassung der Bodenfeuchte und Temperatur entlang eines 110 kV Kabels

Die zweite Messtrasse, ebenfalls unter einem sandigen Substrat wurde speziell für einen Praxistest eingerichtet, um den Einfluss hoher Stromlastgänge auf den Wasser- und Wärmehaushalt zu untersuchen. Die dort verwendete Messtechnik ist vergleichbar mit der Instrumentierung in Abbildung 4-5.

4.3 Ergebnisse des Monitorings von erdverlegten Kabeltrassen

4.3.1 Kabeltrassen unter Wald und Straße mit geringer bis mittlerer Stromlast

Die thermischen und hydraulischen Bodeneigenschaften aller Standorte wurden durch Labormessungen ermittelt und als Materialeigenschaften in das Modell eingegeben. Die im Monitorring gemessenen Temperaturen und Wassergehalte des Ober- und Unterbodens bildeten die jeweiligen Randbedingungen ab. Aus dem vom Netzbetreiber ermittelte Stromlastgang wurde die Verlustwärme des Kabels berechnet und als instationäre Wärmequelle im Modell berücksichtigt. Die mittels Simulation berechneten Temperaturen von Kabel und Boden wurden anschließend mit den Messdaten verglichen.

In Abbildung 4-6 sind die berechneten Temperaturverläufe des Kabelmantels von beiden Standorten dargestellt. Der modellierte Kurvenverlauf für den Standort Wald zeigt über den Messzeitraum eine gute bis sehr gute Übereinstimmung mit den gemessenen Temperaturen. Für den Standort Straße liegt allerdings nur im Zeitraum September bis März eine gute Übereinstimmung vor, im Frühjahr und Sommer werden etwas zu geringere Temperaturen berechnet.

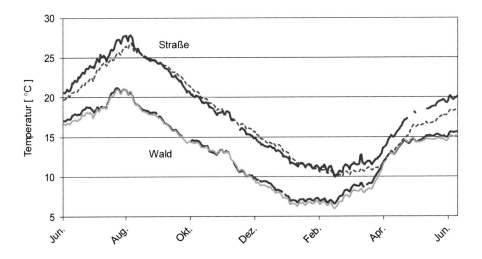

Abb. 4-6: Verlauf der modellierten und gemessenen Kabeltemperatur unter Wald und Straße (farbige Linien – modellierte Temperaturen, graue Linien – gemessene Temperaturen)

Eine besonders gut geeignete Zielgröße, um die Effekte der Kabelerwärmung auf die Umgebungstemperatur abzubilden, ist die Kabelübertemperatur (KÜT); sie drückt die Differenz der Bodentemperatur unter dem Einfluss des Kabels minus der Bodentemperatur ohne Kabeleinfluss unter sonst gleichen Bedingungen (Zeit- und Ortskoordinaten). Hinsichtlich der berechneten Kabelübertemperatur (KÜT) zeigt sich, dass das Modell für den Standort Straße den Prozess der Kabelerwärmung ganzjährig sehr gut abbilden kann (Abb. 4-7 oben). Am Standort Wald (Abb. 4-7 unten) stimmt die modellierte KÜT nur im Winter gut mit den Messwerten überein. Im Frühjahr und Sommer liegen die gemessenen KÜT höher als die Modellwerte. Da das numerische Modell das Phänomen der Austrocknung des Kabelraums durch Baumwurzeln bislang nicht ausreichend berücksichtigt, wird in der Berechnung eine zu hohe Wärmeleitfähigkeit des Bodens angenommen und damit die Kabeltemperatur unterschätzt.

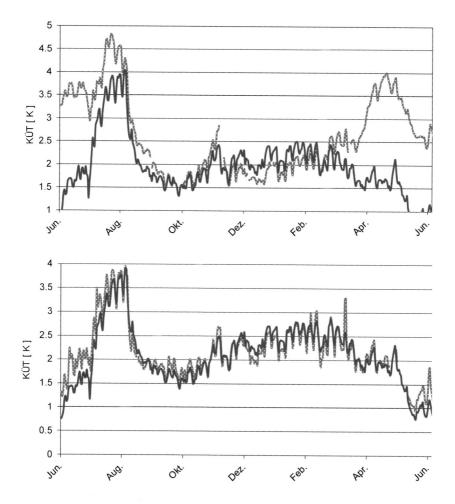

Abb. 4-7: Verlauf der berechneten und gemessenen Kabelübertemperatur unter Straße (oben) und unter Wald (unten); farbige Linien – modellierte Temperatur, graue Linien – gemessene Temperatur

4.3.2 Praxistest für hohe Stromlasten

Bei der zweiten Teststrecke (B) wurden Untersuchungen zur Wärmeausbreitung bei hohen Stromlasten durchgeführt. Im Rahmen eines Praxistest wurde in zwei Phasen die Stromlast erhöht: von Mitte April 2010 wurde mit zunächst 400 A in den ersten Wochen begonnen und dann die Kabellast auf 650 A bis Mitte Juni erhöht. Die Folgen auf die Entwicklung der Kabeltemperatur und Bodentemperatur in Abständen von 10 und 30 cm vom Kabel sind in Abbildung 4-8 dargestellt. Nach Erhöhung der Stromstärke auf 650 A springt die Kabeltemperatur sprunghaft auf mehr als das Doppelte an, während die Bodentemperaturen erst mit etwas Verzögerung und größerer Dämpfung folgen.

Die räumliche Entwicklung und Ausdehnung des Temperaturfeldes um das Kabel herum nach 1, 3, 5 und 7 Wochen wird in den vier Teilbildern der Abbildung 4-9 dargestellt. Sie zeigen, wie sich bei einer Stromlast von zunächst 450 A die Temperaturen zunächst langsam, dann aber nach einer Erhöhung des Lastgangs auf 650 A stetig, auch seitlich und vor allem bis zur Bodenoberfläche hin ausdehnen.

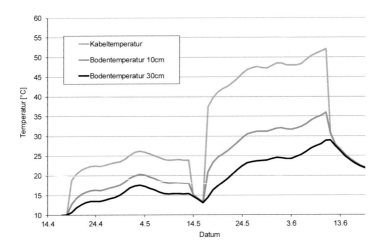

Abb. 4-8: Temperaturverlauf des Kabels (Manteltemperatur) und Bodentemperatur in 10 cm und 30 cm Entfernung vom Kabel

4.4 Praxisnahe Fallstudien

Nachfolgend werden zwei Fallstudien vorgestellt, wie das CableEarth-Verfahren für praktische Fragestellungen einer Trassenprüfung bzw. -planung eingesetzt werden kann. In der ersten Fallstudie wird gezeigt, wie sich a) die maximale Strombelastbarkeit einer Kabeltrasse ableiten und wie sich b) ein optimaler Kabelleiterquerschnitt berechnen lässt, um definierte Stromlastgänge risikofrei in einem erdverlegten Kabelsystem abzuführen. Mit diesen Optimierungen

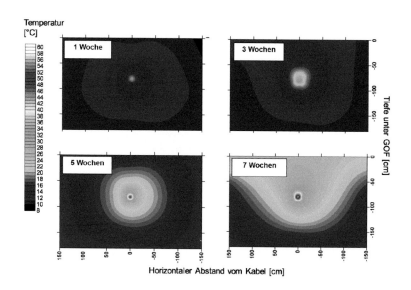

Abb. 4-9: Entwicklung des Temperaturfeldes um das Kabel herum nach 1, 3, 5 und 7 Wochen Betriebsdauer

lassen sich Kosten beim Netzausbau einsparen und die Übertragungsicherheit bei Spitzenlasten verbessern.

In der zweiten Fallstudie (Kapitels 4.4.2) wird exemplarisch gezeigt, wie sich im Rahmen einer Umweltverträglichkeitsprüfung die Wärmeentwicklung einer geplanten Kabeltrasse auf den Wasserhaushalt und die Oberbodentemperaturen geschützter Pflanzen berechnen und bewerten lässt.

4.4.1 Fallstudie I: Ableitung der maximalen Strombelastbarkeit von Erd-kabel

Das CableEarth-Modell wurde für die beiden in Kapitel 4.3.1 vorgestellten Monitoringstandorte (Straße und Wald) eingesetzt, um die maximale Stromübertragung der Trasse bei einem transienten Stromlastverlauf sowie unter dem Einfluss eines natürlichen Witterungsverlaufs zu bestimmen. Dazu wurde ein typischer 28-tägiger Lastgang für die Stromtrasse mit drei unterschiedlichen Niveaus benutzt, die in Tabelle 4.2 charakterisiert und in Abbildung. 4-10 graphisch dargestellt sind.

4

Tab. 4.2: Stromlast je Kabelsystem für drei unterschiedliche Lastniveaus

Lastniveau	Strom je System [A]		
	Mittel	Maximal	Minimal
1	341	446	221
2	512	669	331
3	683	892	601

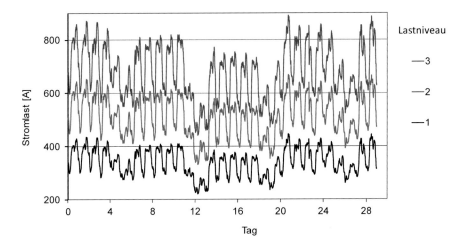

Abb. 4-10: Verlauf des Stromlastgangs für die drei unterschiedlichen Lastniveaus

Diese drei Lastgänge wurden für einen Einjahreszeitraum unter Einbeziehung einer für den Standort in dieser Tiefe verlaufenden Temperaturjahresamplitude hochgerechnet. Abbildung 4-11 zeigt die resultierenden Leitertemperaturen für den Standort Straße. In den Leitertemperaturen für jedes Stromlastniveau zeichnet sich deutlich der Temperaturjahresgang ab, die Leitertemperatur erreicht Spitzenwerte im Sommerhalbjahr und deutlich geringe Werte im Winterhalbjahr.

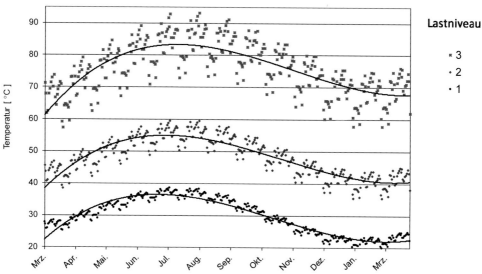

Abb. 4-11: Berechneter zeitlicher Verlauf der Leitertemperatur am Standort Straße auf in den drei Stromlastniveaus (schwarz – 1, blau – 2, rot – 3, s. a. Tab. 4.2)

Auf dem höchsten Lastniveau überschreiten die Leitertemperaturen im Sommerhalbjahr den kritischen Wert der Leitertemperatur von 90° C. Zur Festlegung der maximalen Übertragungs-fähigkeit der Kabeltrasse wird dieser Wert der berechneten Leitertemperatur gegen die maxi-male Stromlast aufgetragen. Aus der polynomischen Ausgleichfunktion kann dann berechnet werden, bei welcher Stromlast im transienten Betrieb eine Leitertemperatur von 90° C erreicht wird. Diese Vorgehensweise wird in Abbildung 4-12 verdeutlicht.

Für den Standort Wald ist diese Grenztemperatur bei einer Stromstärke von 970 A und am Standort Straße bereits bei 870 A erreicht. Der standortbedingte Unterschied der Strombelast-barkeit beträgt ca. 10 %. Bemerkenswert ist, dass sich an ein und derselben Kabeltrasse je nach Tiefenlage des Kabels und oberirdischer Nutzung ganz unterschiedliche Strombelastbarkeiten ergeben. Diese Unterschiede können durch Substratwechsel oder durch den Einfluss von ober-flächennahem Grundwasser weiter zunehmen.

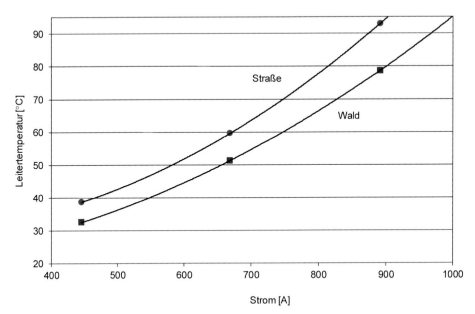

Abb. 4-12: Abhängigkeit der maximalen Stromlast vom maximalen Leiterstrom bei transienter Stromlast (Punkte – im Modell berechneter Wert, Linie – polynomische Interpolation)

Als zweites Beispiel für technische Anwendungen des CabelEarth-Verfahrens im Planungsbereich wird anhand von Abbildung 4-13 gezeigt, wie sich auch der optimale Kabelquerschnitt als Zielgröße einer Trassenoptimierung ableiten lässt. Wenn Informationen zum transienten Stromlastgang vorliegen und die thermischen und hydraulischen Bodeneigenschaften einer Kabeltrasse bekannt sind, kann der erforderliche Kabelquerschnitt berechnet werden, um die vorgegebene Stromlast abzuführen. Abbildung 4-13 verdeutlicht diese Vorgehensweise exemplarisch anhand einer 400 MVA Kabeltrasse, die mit zwei 110 kV Kabel ausgestattet ist. Anhand von Optimierungsszenarien mit dem CabelEarth-Verfahren kann gezeigt werden, dass ein Kabelquerschnitt von 1000 mm² bereits ausreichend ist, um selbst die Stromlastspitzen risikofrei abzuführen. Unter keinen Bedingungen wird die Leitergrenztemperatur von 90° C erreicht, die mittlere Kabeltemperaturen liegen je nach verwendeten Kabeldurchmesser zwischen 13° C und 16° C, die Spitzentemperaturen erreichen Werte zwischen 48° C und 72° C. Anhand derartiger Szenarien können auch Ausbaureserven für weitere Anschlüsse sowie Sicherheitszuschläge besser als bislang berücksichtigt werden.

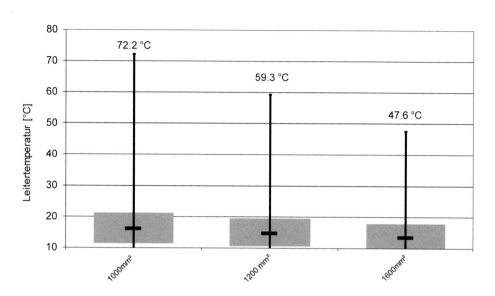

Abb. 4-13: Einfluss unterschiedlicher Kabelquerschnitte auf die Leitertemperaturen

4.4.2 Fallstudie II: Ökologische Bewertung einer Bodenerwärmung

Mit der nachfolgenden Fallstudie werden die Effekte einer geplanten Kabeltrasse auf den Bodentemperaturhaushalt einer geschützten Vegetation behandelt. Im Mittelpunkt steht die Frage, welchen Einfluss die Kabeltrasse auf den Wärmehaushalt einer Vegetation ausübt und wie eine Trasse gestaltet werden muss, um diese Einflüsse möglichst gering zu halten. In Abbildung 4-14 wird schematisch der Querschnitt einer Landschaft gezeigt, in der die Kabelstränge in einer bestimmten Tiefe und mit bestimmten Abständen verlegt werden.

Zunächst soll auf die langsame Entwicklung der Bodenerwärmung der Kabeltrasse in ihrem Umfeld nach Inbetriebnahme der Anlage hingewiesen werden. So kann es mehrere Jahre dauern, bis sich ein neues, mehr oder weniger stark ausgedehntes Temperaturfeld um eine Kabeltrasse aufgebaut hat, dass sich bis in den Grundwasserbereich ausdehnen kann. Ist dieses neue Temperaturfeld bekannt, kann die boden- und nutzungsabhängig Veränderung der Temperatur im Wurzelraum für die Bedingungen im Sommer- und Winterhalbjahr berechnet werden. Die durch den Betrieb der Kabeltrasse erhöhten Temperaturen können dann zu Referenztemperaturen in Bezug gesetzt werden, die einer von Erdkabel unbeeinflussten Situation entspricht. Diese komplexe Vorgehensweise wird nachfolgend exemplarisch gezeigt.

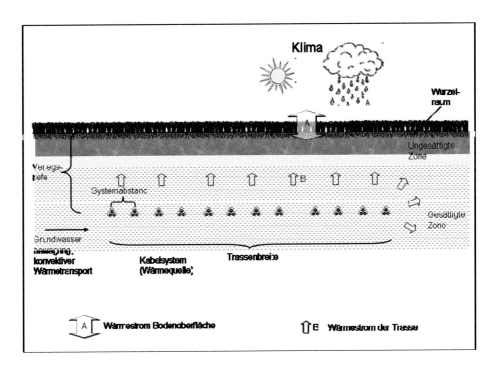

Abb. 4-14: Schematische Darstellung des Wasser- und Wärmetransports einer geplanten Kabeltrasse

Entwicklung des Temperaturfeldes in der Umgebung der Kabeltrasse

Für die Entwicklung des unterirdischen Temperaturfeldes wird exemplarisch eine Kabeltrasse
als Ganzes im Rahmen eines von Grundwasser durchflossenen Leiters betrachtet. Nimmt man
für diese Situation eine Kabelumgebungstemperatur von 50° C an, eine Grundwasserströmung
von einem Meter pro Tag sowie eine Grundwassertemperatur von 10° C, dann stellen sich nach
und nach neue Temperaturfelder ein, wie sie Abbildung 4-15 für eine Situation im Sommer-
und Winterhalbjahr gezeigt werden.

Es wird deutlich, dass sich im Sommer- und Winterhalbjahr Temperaturfelder ober- und unterhalb der Kabelstränge ausbilden, die unten bis in den Grundwasserbereich hineinreichen. Größe Temperaturdifferenzen, die durch die Jahreszeit verursacht werden, zeigen sich vornehmlich
im Oberboden; sie nehmen innerhalb der Trasse von rechts nach links ab. Bei den rechten drei
Kabelsträngen sind die Temperaturfelder der einzelnen Kabel bereits zusammengewachsen,
während der linke Kabelstrang am Ende der Trasse nicht ganz so stark aufgeheizt wird. Auch
wird ersichtlich, dass je nach Lage im Raum die Temperaturerhöhungen im Oberboden unter-
schiedlich ausfallen: Im Zentrum einer Kabeltrasse liegen sie deutlich höher als am Rand.

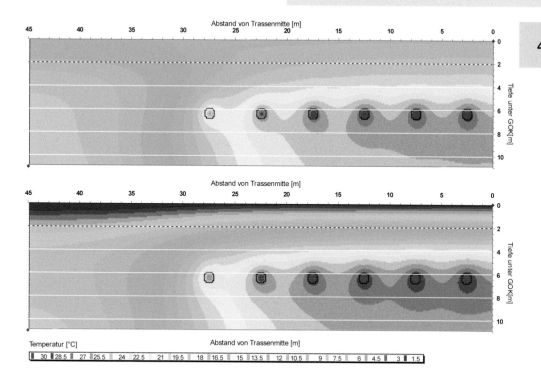

Abb. 4-15 Berechnete Entwicklung des Temperaturfeldes nach Inbetriebnahme einer Kabeltrasse im Sommerhalbjahr (oben) und im Winterhalbjahr (unten); es werden vom linken Rand ausgehend sechs Kabelsysteme (o) betrachtet; die Kabeltrasse beginnt in der Mitte der Abbildung und endet rechts mit dem letzten Kabelstrang; das Grundwasser strömt von links nach rechts

Die abgebildete Temperaturausdehnung ist unter konservativen und stationären Annahmen berechnet, was bedeutet, dass zusätzlich stattfindende Abkühlungseffekte durch extrem kalte Frostperioden sowie durch Eindrücken von sehr kaltem Grundwasser aus der Umgebung oder aus naheliegenden Gräben nicht berücksichtigt wurden. Sie würden dazu führen, dass sich die Temperaturfelder immer wieder abkühlen und nur selten stationäre Bedingungen auftreten könnten. Dennoch vermitteln uns diese Szenarien gut, mit welcher Reichweite die Erwärmung des Bodens um die Kabeltrasse herum zu rechnen ist und von welcher Temperaturgeometrie im Untergrund auszugehen ist.

Von diesem Gesamtsystem kann in einem zweiten Schritt die Temperaturveränderung im Wurzelraum einzelner Trassenbereiche abgebildet werden; dies wird exemplarisch in Abbildung 4-16 verdeutlicht. Die Berechnungen wurden für drei unterschiedliche Klimajahre durchgeführt: einem Durchschnittsjahr, einem warmen sowie einem kalt-feuchten Jahr. Im oberen Teil der Abbildung sind zunächst für einen Referenzstandort (ohne Kabeleinfluss) die berechneten Temperaturen im Grundwasser, in 100 cm Bodentiefe und in 30 cm Bodentiefe (Hauptwurzelraum) dargestellt. Im unteren Teil der Abbildung sind die gleichen Informationen für den Fall

4

ohne Kabeltrasse

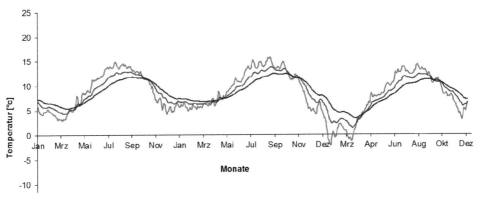

mit Kabeltrasse in 5 m Bodentiefe

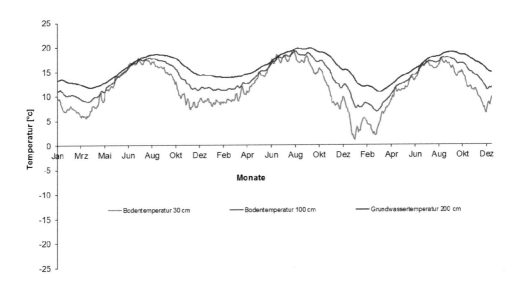

Abb.4-16: Modellierte Grundwasser- und Bodentemperaturen in verschiedenen Tiefen ohne (oben) und mit Kabeleinfluss (unten) über drei Jahre bei einer Verlegetiefe der Kabel in 5 m Tiefe.

einer Kabeltrasse in 5 Meter Tiefe abzulesen. Es wird deutlich, dass die Temperatur des Grundwassers um 4-6 K, die in 100 cm Bodentiefe um ca. 3 K und im Wurzelraum um 2 K ansteigen wird. So würden unter den Bedingungen einer Kabeltrasse auf diesem Standort keine Bodenfröste in 30 cm Tiefe mehr auftreten. Um eine ökologische Bewertung für die Folgen einer Vegetation vorzunehmen, benötigt man Kriterien, wie sich die Veränderungen der abiotischen Standortbedingungen auswirken können; in Tabelle 4.3 wird dazu exemplarisch ein

Bewertungsrahmen vorgestellt, der die potenziellen mittleren Änderungen der Temperatur im Wurzelraum, die Vegetationsdauer, die Zunahme der realen Verdunstung berücksichtigt. Die Weiterentwicklung und Verifizierung dieser Bewertungsansätze sollte ein besonderes Anliegen vegetationsökologischer Forschungsarbeiten sein.

4

Tabelle 4.3: Ökologisches Bewertungsschema für Temperaturänderungen im Wurzelraum

Veränderungen	I	II	III	IV	V
mittlere Temperaturerhöhung im Wurzelraum (K)	bis 1,5 K	bis 2,5 K	bis 3,5 K	bis 4,5 K	>4,5K
Verlängerung der Vegetationszeit (Tage)	0	7	14	14-20	>20
Zunahme der realen Evapotranspiration (mm/a)	10-20	20-30	30-40	40-50	>50
Bewertung	**sehr gering**	**gering**	**mittel**	**stark**	**sehr stark**

4.5 Fazit

Das CableEarth-Verfahren ist ein neues numerisches Simulationstool, um die Strombelastbarkeit von erdverlegten Stromkabel zu bewerten. Es lässt die Analyse transienter Stromlasten für Kabeltrassen in unterschiedlichen Bodenlandschaften und Klimabedingungen zu. Das Modell kann aber auch für eine Analyse zur besseren Ausnutzung bestehender Kabeltrassen im urbanen Raum verwendet werden. Damit ist die Einsetzbarkeit des neuen Berechnungsmodells groß: es kann sowohl für eine kritische Analyse bereits vorhandener Kabeltrassen genutzt werden als auch für die Planung und technische Auslegung neuer Kabeltrassen. Auch Trassenplanungen, die in ihren Auswirkungen eines Erwärmung des Oberbodens und des Grundwasserkörpers betreffen, können geprüft und optimiert werden, um ökologische Beeinträchtigungen zu bewerten und möglichst gering zu halten. Damit ist das CableEarth-Verfahren sehr gut geeignet für Umweltverträglichkeitsprüfungen im Bereich der Erdkabeltechnik.

4

Autoren

Prof. Dr. Gerd Wessolek

Technische Universität Berlin

Fakultät Planen, Bauen, Umwelt

Institut für Ökologie

Ernst-Reuter-Platz 1

10587 Berlin

Dr. Steffen Trinks

Technische Universität Berlin

Fakultät Planen, Bauen, Umwelt

Institut für Ökologie

Ernst-Reuter-Platz 1

10587 Berlin

Literatur

Anders, G. J. (2004): Rating of Electric Power Cables in Unfavorable Thermal Environment. Institute of Electrical and Electronics Engineers.

ASTM International (2008): Standard Test Method for Determination of Thermal Conductivity of Soil and Soft Rock by Thermal Needle Probe Procedure, D5334-08.

Brakelmann, H. (1985): Belastbarkeiten der Energiekabel – Berechmethoden und Parameteranalysen – VDE Verlag Berlin.

Brakelmann, H. (2006): Kabelerwärmungen in Häufungstrassen für den Windenergietransport. Elektrizitätswirtschaft Jg. 105 H. 20. 14 – 18.

Bristow, K.L. (2002): Thermal conductivity. In: Methods of Soil Analysis, Part 4: Physical Methods. Soil Science Society of America, USA, 1209-1226.

Callhan, P. M., D. A. Douglas (1987): An experimental evaluation of a thermal line uprating by conductor temperature and weather monitoring.

Döll, P. (1996): Modelling of moisture movement under the influence of temperature gradients: desiccation of mineral liners below landfills. Dissertation. Schriftenreihe Bodenökologie und Bodengenese der FG Bodenkunde und Regionale Bodenkunde der TU Berlin, Heft 20.

Freitas D. S., A. T. Prata, A. J. de Lima (1996): Thermal performance of underground power cables with constant and cyclic currents in presence of moisture migration in the surrounding soil. IEEE Transactions on Power Delivery 11 (3), 1159-1170.

Grunewald, J. (1997): Diffusiver und konvektiver Stoff- und Engergietransport in kapillarporösen Baustoffen, Diss. TU Dresden.

Grunewald, J. (2000): Documantation of the numerical simulationprogram DIM 3.1, TU Dresden.

Grunewald, J., R. Plagge, P. Häupl (1997): Prediction of coupled heat, air and moisture transfer in porous materials. In: van Genuchten M. Th., Leij, F. J., Wu, L. (Hrsg.): Proceedings of the International Workshop on Characterization and Measurement of the Hydraulic Properties of Unsaturated Porous Media. Riverside California, Part 2, 1561 – 1571.

Koopmans, G., G. M. L. van de Wiel, L. J. M. van Loon, C. L. Palland (1989): Soil physical route survey and cable thermal design procedure.: IEE Proceedings, Part C, 136 (6), 341-346.

Markert, A. (2014): Einfluss von Substrateigenschaften auf die Wärmeleitfähigkeit von Böden. Diplomarbeit am Fachgebiet Standortkunde Bodenschutz der TU-Berlin, 72pp.

Peters, A. and W. Durner (2008): Simplified Evaporation Method for Determining Soil Hydraulic Properties, Journal of Hydrology 356, 147-162.

Saito. H., J. Simunek, B. P. Mohanty (2006): Numerical Analysis of Coupled Water, Vapor, and Heat Transport in the Vadose Zone. Vadose Zone Journal 5:784–800.

Renger, M., K. Bohne und G. Wessolek (2014): Bodenphysikalische Kennwerte und Berechnungsverfahren für die Praxis. Bodenökologie und Bodengenese, TU-Berlin, Selbstverlag der Fachgebiete Standortkunde und Bodenschutz und Bodenkunde; Heft 43, 41pp.

Renger, M., Bohne, K., Facklam, M. Harrach, T., Riek, W., Schäfer, W., Wessolek, G. und S. Zacharias (2009): Bodenphysikalische Kennwerte und Berechnungsverfahren für die Praxis I. Bodenökologie und Bodengenese, TU-Berlin, Selbstverlag der Fachgebiete Standortkunde und Bodenschutz und Bodenkunde; Heft 40. 79pp.

Stoffregen, H. (1998): Hydraulische Eigenschaften deponiespezifischer Materialien unter Berücksichtigung der Temperatur - Dissertation. Schriftenreihe Bodenökologie und Bodengenese der FG Bodenkunde und Regionale Bodenkunde der TU Berlin, Heft 32.

Trinks, S., B. Kluge, G. Wessolek und M. Köhler (2013): Optimierung der Strombelastbarkeit erdverlegter Energiekabel – Ein neues Berechnungsverfahren CableEarth. Netzpraxis, 52, Heft 12, S. 51-58.

Trinks, S. (2010): Einfluss des Wasser- und Wärmehaushaltes von Böden auf den Betrieb erdverlegter Energiekabel. Bodenökologie und Bodengenese, 42. Technische Universität Berlin, Dissertation.

Uther, D., H. Brakelmann, J. Stammen, E. Aldinger, P. Trüby (2009): Wärmeemission bei Hoch- und Höchstspannungskabeln. Zeitschrift für Energiewirtschaft Jg. 108 (10): 66 - 74.

5 Erdwärme in Deutschland

Dr. Martin Sabel

5.1 Einleitung

Die Energiewende wird in Deutschland und von unseren europäischen Nachbarn nach wie vor kontrovers diskutiert. Während die Einen das Thema als historische Chance begreifen, um eine nachhaltige und erneuerbare Energieversorgung zu erreichen, betonen die Skeptiker eher die Gefahren und Probleme, die ein solch grundlegender Umbau mit sich bringt.

Fakt ist: unser gemeinsam vereinbartes Ziel ist es, die globale Erwärmung auf weniger als zwei Grad Celsius gegenüber dem Niveau vor Beginn der Industrialisierung zu begrenzen. Dieses Ziel ist eine politische Festsetzung, die auf Grundlage wissenschaftlicher Erkenntnisse über die wahrscheinlichen Folgen der globalen Erwärmung erfolgte. Die Diskussion der begrenzten Verfügbarkeit von fossilen Ressourcen ist in diesem Zusammenhang schon lange nicht mehr relevant: nur ein Bruchteil der bereits bekannten Vorräte an fossilen Rohstoffe darf noch gefördert und genutzt werden, wenn wir auch nur eine 50 %ige Chance haben wollen, das 2-Grad-Ziel tatsächlich zu erreichen (McGlade und Ekins 2015).

Die Wirtschaft der Zukunft wird also weitaus sparsamer als bisher mit den fossilen Ressourcen umgehen müssen. Das Wachstum muss vom Ressourcenverbrauch entkoppelt werden was eine neue Welle industrieller Innovation, vor allem der Energie- und Umwelttechnologien erfordert. Die aktive Klimaschutzpolitik Deutschlands und die damit angeregten Investitionen in Klimaschutz und Energieeffizienz bieten die Chance Unternehmen zukunfts- und wettbewerbsfähiger zu machen und die Abhängigkeit von Energieimporten zu verringern.

5.2 Die Energiewende in Deutschland

Zur Erreichung des 2-Grad-Zieles hat sich Deutschland das verbindliche Ziel gesetzt, bis 2020 40 Prozent weniger Treibhausgase, bezogen auf das Jahr 1990, zu emittieren. Bis 2050 sollen die Emissionen sogar um 80-95 % sinken.

Bis 2050 soll zudem ein nahezu klimaneutraler Gebäudebestand erreicht werden. Dabei werden in Deutschland etwa 40 % der gesamten Energie im Gebäudebereich verbraucht und 85 % der benötigten Energie eines durchschnittlichen Haushaltes wird für die Bereitstellung von Raumwärme und Warmwasser verwendet.

Die Energiewende stellt sich bei genauerer Betrachtung in der politischen Diskussion als ein Dreigespann aus Strom-, Wärme, und Mobilitätswende dar. Gemeinsames Ziel ist die Dekarbonisierung der Energieversorgung und dies vor dem Hintergrund des beschlossenen Atomausstiegs. Der Erneuerbare Anteil der Energieversorgung soll gesteigert und die Energie effizienter eingesetzt werden. Durch die Energiewende wird Strom zur Leitenergie – auch in den Bereichen Wärme und Verkehr.

Der Anteil erneuerbarer Energien am Bruttostromverbrauch in Deutschland lag 2014 bei knapp 28 %. Nur vier Jahre zuvor im Jahr 2010 waren es lediglich 17 %.

Im Bereich Mobilität stehen wir noch am Anfang. Der Anteil erneuerbarer Energien am Endenergieverbrauch im Verkehrssektor betrug 2014 lediglich 5,4 %.

Im Bereich der Wärmewende stagniert der Anteil der EE am Endenergieverbrauch. Seit 2010 ist hier lediglich ein Anstieg von 1 % zu verzeichnen. Dabei entsprechen 70 % der Anlagen zur Erzeugung von Wärme nicht dem Stand der Technik (Quelle: BDH).

Insgesamt stieg die Zahl der installierten Wärmepumpen in Deutschland 2014 auf etwa 850.000 Stück an. Die Heizungswärmepumpen hatten daran mit über 600.00 Einheiten einen Anteil von rund 70 %. Die thermische Leistung der installierten Wärmepumpen betrug 2014 bereits über 8 GW.

5.3 Das Potential der Erdwärme

5.3.1 Energiequellen

Für die Nutzung von Erdwärme mit erdgekoppelten Wärmepumpenanlagen steht eine Vielzahl von technischen Lösungsmöglichkeiten bereit. Zu den geschlossenen Systemen zählen Sonden unterschiedlicher Bauarten, die über vertikale oder schräge Bohrungen installiert werden und in denen ein Wärmeträgermedium in einem geschlossenen Kreislauf zirkuliert. Horizontal verlegte Erdwärmekollektoren und kompakte Kollektoren in Form von zylindrischen oder eher konisch geformten Erdwärmekörben und Grabenkollektoren erweitern die Anwendungsmöglichkeiten der geschlossenen Systeme. Gründungspfähle, die aus statischen Gründen ohnehin häufig notwendig sind, können ebenfalls thermisch aktiviert werden. Offene Systeme nutzen direkt die Energie des Grundwassers, welches über Brunnenanlagen gefördert und nach der thermischen Nutzung wieder dem Grundwasserleiter zugeführt wird. Spezielle Lösungen existieren auch für die thermische Nutzung von Tunneln und der Abwärme des Kanalnetzes.

5.3.2 Energieeffizienz

Besonders deutlich wird die hervorragende Energieeffizienz der erdgekoppelten Heizungswärmepumpen durch das ab September 2015 verbindlich zu verwendende EU-Energielabel für Heizgeräte. Die Darstellungsform des EU-Energielabels ist dem Verbraucher bereits seit langem von anderen elektrischen Geräten bekannt. Wärmepumpen und insbesondere erdgekoppelte Wärmepumpen erreichen in der Regel die höchsten Effizienzklassen wie Abbildung 5-1 verdeutlicht.

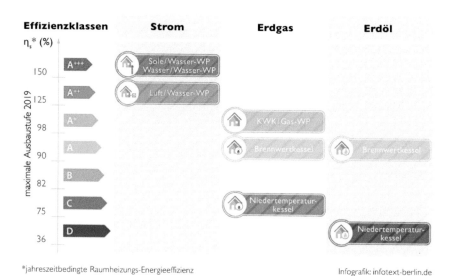

Abb. 5-1 Effizienzklassen

5.3.3 CO₂ Einsparung

Laut einer Studie der TU München (Wagner 2013) leisten Wärmepumpen sowohl im Gebäudebestand als auch im Neubaubereich einen signifikanten Beitrag zur Reduktion von CO2 Emissionen gegenüber fossilen Heizsystemen. Durch den weiter steigenden Anteil von erneuerbarem Stroms am Strommix, verbessert sich das Klimaschutzpotential einer heute installierten Wärmepumpe im Laufe ihrer Lebensdauer. Die Ergebnisse der oben genannten Studie zeigen, dass durch den Einsatz einer erdgekoppelten Wärmepumpe im Neubaubereich etwa 60 % der CO_2 Emissionen im Verlauf der kommenden 20 Jahre gegenüber einer solar unterstützten Gasbrennwerttechnik eingespart werden können.

Ersetze man einen im Jahr 1090 installierten Ölkessel heute durch eine erdgekoppelte Wärmepumpe, so werden die CO_2 Emissionen im Verlauf der Lebensdauer des Systems um 78 % reduziert.

5.3.4 Heizen und Kühlen

Mit erdgekoppelten Wärmepumpen lassen sich Gebäude während der Sommermonate besonders energieeffizient temperieren. Mit der sogenannten passiven Kühlung wird im Sommer lediglich die Umwälzpumpe betrieben, um dem Gebäude überschüssige Wärme zu entziehen und dem Untergrund zuzuführen. Auf diese Weise wird das Gebäude bis zu einem gekühlt, ohne zusätzliche Energie für den Betrieb einer Kältemaschine zu benötigen und gleichzeitig wird der Untergrund aktiv regeneriert.

5

5.3.5 Lastmanagement

Der steigende Anteil an regenerativen, volatilen Energien stellt eine Herausforderung für das Lastmanagement der Stromnetzte dar. Es gilt, das nicht wie gewohnt steuerbare Stromangebot mit der Nachfrage in Einklang zu bringen. Wärmepumpen sind flexible Verbraucher und können ihre Stromnachfrage an den Bedürfnissen eines ausgeglichenen Lastmanagements ausrichten. Sie können sowohl überschüssigen Strom aus dem Netz aufnehmen (Power to Heat) oder bei Strommangel zeitweise abgeschaltet werden. Damit tragen sie zur Stabilisierung der Stromnetzte bei.

5.4 Hindernisse

Der Strom für den Betrieb von Wärmepumpen ist deutlich stärker als fossile Heizenergieträger (Heizöl, Erdgas) mit Steuern, Abgaben und Umlagen belastet. Staatlich regulierte Preisbestandteile machen fast 70 % des Preises aus.

Dabei sollen Steuern, Abgaben und Umlagen eigentlich am Energiemarkt eine Lenkungswirkung erzielen und Anreize für Verbraucher und Investoren schaffen, in energieeffiziente und CO_2-arme Technologien zu investieren. Insbesondere die auf den Strompreis erhobene EEG-Umlage von derzeit über 6 Cent/kWh, die den Ausbau erneuerbarer Energien eigentlich fördern soll, verhindert genau dieses Ziel im erneuerbaren Wärmemarkt.

Die Höhe der erhobenen staatlichen Abgaben muss sich stärker am Ziel der vereinbarten Reduktion von CO_2-Emissionen ausrichten. Konkrete Schritte in diese Richtung könnte die Abschaffung der Stromsteuer auf den Wärmepumpen-Strom, eine Befreiung von Ökostrom-Tarifen für Wärmepumpen von der EEG-Umlage oder die Schaffung flexibler Stromtarife sein.

5.5 Zusammenfassung

Die Wärmepumpe ist also das ideale Bindeglied zwischen Strom- und Wärmemarkt. Sie bringt den erneuerbaren Strom in den Wärmemarkt. Ein verstärkter Einsatz von effizienten Wärmepumpen, die zunehmend mit erneuerbar erzeugtem Strom betrieben werden, sind eine sehr wirksame Möglichkeit um im Wärmesektor gleichzeitig die Effizienz im Energiesystem zu erhöhen und die Treibhausgasemissionen zu senken.

und kann dabei sowohl als flexibler Verbraucher als auch als Speicher eingesetzt werden. Dabei lag aus unserer Sicht der Fokus bislang auf der Nutzung von überschüssigem Strom zur Speicherung als Wärme entweder in der Gebäudesubstanz selbst, oder als warmes Wasser im Trinwasser- oder Pufferspeicher des Gebäudes. Stichwort Power-to-heat: durch die Hinzugewinnung von Erd- und Umweltwärme, sicher eine der effizientes Methoden, um Strom in Form von Wärme zu speichern. Mit der Weiterentwicklung von Möglichkeiten zur direkten Speicherung des Stroms ergeben sich natürlich fantastische neue Möglichkeiten, die zum Teil ja bereits heute genutzt werden. Überschüssigen Strom aus Sonne und Wind in Batterien zu speichern, um ihn dann zu nutzen wenn die Stromnachfrage das nur bedingt steuerbare Angebot übersteigt wird einen wichtigen Beitrag zum Gelingen der Energiewende darstellen.

Autor

Dr. Martin Sabel

Bundesverband Wärmepumpe e.V.

Französische Straße 47

10117 Berlin

Literatur

Christophe McGlade & Paul Ekins: Nature 517,187-190 (08 January 2015), The geographical distribution of fossil fuels unused when limiting global warming to 2°C

Wagner et al 2013: Energiewirtschaftliche Bewertung der Wärmepumpe in der Gebäudeheizung, Studie der Technischen Universität München, Lehrstuhl für Energiewirtschaft und Anwendungstecnik

6 Die Rolle des Bodens bei der Nutzung oberflächenna-
    her Erdwärme

Dr. Ulrich Dehner

Die Nutzung von Erdwärme erhält auf dem Hintergrund steigender Preise fossiler Energieträ-
ger zunehmende Bedeutung. Gewonnen wird Erdwärme über Wärmepumpenanlagen, die dem
geologischen Untergrund Energie entziehen. Verbreitet sind Erdsonden, die über vertikale
Bohrungen in den Untergrund eingebracht werden. Daneben existieren Erdkollektoren, die in
einem Niveau von 1 bis 2 Meter Tiefe parallel zur Erdoberfläche verlegt werden.

Voraussetzung für die Planung von Wärmepumpenanlagen ist die Beurteilung der thermischen
Eigenschaften des Bodens. Ein Blick in die Literatur (Sanner 1992, Salomone & Marlowe
1989, VDI 2001) zeigt, dass für Böden, im Gegensatz zu Gesteinen, nur wenige, recht grobe
Daten zur Verfügung stehen. Die VDI-Richtlinie 4640 (VDI 2001) z. B. unterscheidet lediglich
drei Bodenklassen (trocken, nicht-bindig; bindig-feucht; wassergesättigter Sand und Kies), für
die entsprechende Entzugsleistungen angegeben werden. Das Handbuch der International
Ground Source Heat Pump Association (Salomone & Marlowe 1989) ist mit sechs Kategorien
nur unwesentlich detaillierter. Eine Präzisierung dieser Angaben ist durch die Auswertung
bodenkundlicher Daten möglich.

6.1 Systeme zur Nutzung von Erdwärme aus dem oberflächenna-
     hen Untergrund

Nach Sanner (2005) können bei der Nutzung oberflächennaher geothermischer Energie grundsätzlich folgende Systeme unterschieden werden:

- Erdwärmekollektoren (horizontal verlegte Kollektoren in 1,2 - 2 Meter Tiefe)
- Erdwärmesonden (vertikale Sonden von 8 - 200 Metern Tiefe)
- Energiepfähle (8 - 45 Meter Tiefe)
- Koaxialbrunnen (120 - > 200 Meter Tiefe)
- Grundwasserbrunnen (4 - 50 Meter Tiefe)
- Grubenwasser, Tunnelwassernutzung

Im Bereich bis 2 Meter Tiefe kommen v. a. horizontal verlegte Systeme bzw. spiralförmige
Kollektoren zum Einsatz (s. Abb. 6-1). Die Verlegung erfolgt entweder flächig nach dem Abheben der Deckschicht oder als Grabenkollektoren, wobei ähnlich wie bei Dränagerohren nur
ein schmaler Graben ausgehoben wird. Daneben existieren Energiekörbe, die senkrecht bis in
mehrere Meter Tiefe eingebaut werden (s. Abb. 6-2).

Abb. 6-1 Horizontal verlegte Erdkollektoren (SIA 1996)

Abb. 6-2 Horizontal Erdwärmekorb (Foto: Fa. BetaTherm)

Bei den dargestellten Systemen wird die im Boden gespeicherte Wärmeenergie auf eine in Kunststoffrohren zirkulierende Flüssigkeit übertragen. Neben den konventionellen Anlagen kommen im oberflächennahen Bereich Luftansaugkanäle oder -erdregister zum Einsatz, bei denen die Außenluft über ein im Erdboden verlegtes Rohrsystem angesaugt und für die Gebäudeheizung bzw. -kühlung vorkonditioniert wird (Zimmermann 2003).

Zur Verlegung der Rohrleitungen sind mehr oder weniger umfangreiche Erdarbeiten erforderlich. Dies hat einen wesentlichen Einfluss auf den Aufbau des Bodens, da dessen natürliche Lagerungsverhältnisse und bodenphysikalische Eigenschaften verändert werden.

Bei dem Betrieb der Anlagen ist zu beachten, dass es um die Kollektoren zu einer starken Abkühlung kommt, was dazu führen kann, dass Eishüllen entstehen. Dies ist einerseits ein gewünschter Effekt, da Eis die Wärme besser leitet als Wasser. Anderseits ist bei der Anlagendimensionierung darauf zu achten, dass die Eiskerne um die Rohre nicht zusammenwachsen, da sonst im Boden ein geschlossener Eiskörper entsteht. Dies hätte möglicherweise negative Auswirkungen auf den Pflanzenbewuchs oder der Boden könnte flächig durch die Ausdehnung des Eises im Untergrund angehoben werden. Daher werden nach VDI (2001) Rohrabstände von 0,3-0,8 Meter empfohlen.

Die dem Boden entzogene Energiemenge wird durch die solare Einstrahlung und die Zufuhr von latenter Wärme mit dem Sickerwasser wieder ausgeglichen. Die solare Energiezufuhr erfolgt in unseren Breiten im Wesentlichen in den Sommermonaten, da im Winter nicht genügend Strahlungsmengen zur Verfügung stehen. Um eine vollständige Regeneration zu gewährleisten, darf die Oberfläche über den Kollektoren nicht bebaut oder versiegelt werden (vgl. VDI 2001). Zur Erhöhung der Energiezufuhr erfolgt bei neueren Anlagentypen eine zusätzliche Versickerung von Niederschlagswasser. Dadurch kann der Flächenverbrauch eines Erdkollektors reduziert werden.

Das Prinzip der solaren Regeneration hat Einfluss auf die Einbautiefe der Kollektoren. Zu geringe Einbautiefen haben den Nachteil, dass die Erdkollektoren im Bereich des winterlichen Bodenfrostes liegen. In größerer Tiefe ist dagegen eine vollständige jährliche Regeneration des Untergrundes nicht mehr gewährleistet, was zu einer kontinuierlichen Abkühlung des Bodens führen würde. Daher werden horizontale Erdkollektoren i. d. R. bis in eine maximale Tiefe von 1,5 Metern verlegt.

6.2 Thermische Eigenschaften des Bodens

Die thermischen Eigenschaften des Bodens können durch drei Größen beschrieben werden. Sie bestimmen im Wesentlichen die Eignung des Bodens für die Gewinnung geothermischer Energie:

- spezifische Wärmekapazität C [J·kg^{-1} K^{-1}], C_V [J m^{-3} K^{-1}]

Energiemenge (J =Joule), die erforderlich ist, um eine bestimmte Masse (kg) oder ein bestimmtes Volumen (m^3) einer Substanz und 1 Kelvin (K) zu erwärmen

- thermische Leitfähigkeit bzw. Wärmeleitfähigkeit λ [W m^{-1} K^{-1}]

Vermögen einer Substanz thermische Energie in Form von Wärme zu transportieren (W = Watt)

- thermische Diffusivität – Temperaturleitfähigkeit α [m^2 s^{-1}]

Quotient aus Wärmeleitfähigkeit und volumetrischer Wärmekapazität ($\alpha = \lambda/Cv$), Maß für die Eindringgeschwindigkeit und die Abschwächung eines Wärmestroms

Der Forschungsstand über den Wärmehaushalt und die thermischen Eigenschaften von Böden ist in zwei Artikeln von Bachmann (1997, 2005) zusammengefasst. Darüber hinaus bieten Farouki (1986) und Sanner (1992) einen Überblick zur Wärmeleitfähigkeit von Böden und Gesteinen. Grundlegende Arbeiten zu diesem Thema wurden von Kersten (1949) und DeVries (1963, 1975) vorgelegt. Auf diesen Arbeiten fußen weitere Untersuchungen von Johansen (1975), Ochsner et al. (2001), Côté & Conrad (2005, 2006) sowie Lu et al. (2007).

6.3 Wärmekapazität

Oberhalb des absoluten Nullpunktes hat der Boden einen Wärmeinhalt, der pro Gewichts- oder Raumeinheit ($J\,g^{-1}$ oder $J\,cm^{-3}$) angegeben werden kann. Da diese Größe schwer zu erfassen ist, wird häufig die Energiemenge angegeben, die in einer definierten Bodenmenge eine bestimmte Temperaturänderung hervorruft.

Die entsprechende physikalische Größe ist die *spezifische Wärmekapazität* C [$J\cdot kg^{-1}\,K^{-1}$]. In der bodenkundlichen Literatur wird häufig die spezifische Wärmekapazität pro Volumeneinheit verwendet C_v [$J\cdot m^{-3}\cdot K^{-1}$], die sog. volumetrische Wärmekapazität (Hartge & Horn 1999, Bachmann 2005). Sie kann über die Kenntnis der Dichte (p) [$g\,cm^{-3}$] aus der spezifischen Wärmekapazität errechnet werden ($Cv = C \cdot p$).

Tabelle 6.1 zeigt die Wärmekapazität und Dichte verschiedener Bodenkomponenten. Generell lässt sich die Wärmekapazität eines Bodens aus den Summen der Kapazitäten der Einzelkomponenten (mineralische Bestandteile, organische Substanz, Wasser, Luft) entsprechend ihrer Volumenanteile berechnen (vgl. Bachmann 2005, Kersten 1949, Ochsner et al. 2001).

Aus Tabelle 6.1 wird auch deutlich, dass die Wärmekapazität des Wassers wesentlich höher ist als die der festen Bodenbestandteile. Damit hat der Wassergehalt eine herausragende Bedeutung für die Wärmekapazität von Böden.

Feuchte Böden haben demnach höhere Wärmekapazitäten als trockene. Dies hat zur Folge, dass ihnen mehr Energie zugeführt werden muss um eine Temperaturerhöhung hervorzurufen. Im Falle der thermischen Nutzung (Energieentzug) kann aber auch mehr Energie entnommen werden, bis sich die Temperatur ändert. Besonders feuchte Böden sind z. B. Gleye (Grundwasserböden) oder Pseudogleye (Stauwasserböden), wobei letztere nur in den Winter- und Frühjahrsmonaten über hohe Wassergehalte verfügen.

Bei der Betrachtung des Wassers im Boden müssen auch seine Aggregatänderungen berücksichtigt werden. Beim Phasenübergang von Wasser zu Eis sinkt die volumetrische Wärmekapazität von 4,19 auf 1,88 MJ $m^{-3}\,C^{-1}$ (vgl. Tab. 6.1) verbunden mit einer Volumenzunahme von 9 % (Bachmann 2005). Demnach haben gefrorene Böden eine geringere Wärmekapazität als nicht gefrorene, wobei die Unterschiede mit zunehmendem Wassergehalt steigen. Neben dem Wassergehalt hat auch die Temperatur einen Einfluss auf die Wärmekapazität, wobei diese in trockenem Gestein mit zunehmender Temperatur ansteigt.

Tabelle 6.1 Vol. Wärmekapazität und Dichte wichtiger Bodenkomponenten (gemessen unter verschiedenen Temperaturbedingungen) (BACHMANN 2005)

Substanz	Wärmekapazität [MJ m^{-3} K^{-1}]	spez. Dichte [g cm^{-3}]	Temperatur [°C]
Quarz	2,12	2,65	10
Tonminerale	2,01	2,65	10
organische Substanz	2,51	1,30	10
Wasser	4,19	1,00	10
Luft	0,00126	0,00125	10
Eis	1,88	0,92	0
$CaCO_3$	2,31	2,31	55-60
Fe_2O_3	3,62	3,62	55-61
$Fe(OH)_3$	3,41	3,41	55-62

(MJ = Megajoule = 1 Mio. Joule)

6.4 Abschätzung der Wärmekapazität aus bodenkundlichen Daten

Nach Angaben des Schweizer Ingenieur und Architektenverbandes (SIA 1996) kann die spezifische Wärmekapazität von Lockergesteinen gemäß den Untersuchungen von Kersten (1949) durch die Kenntnis von zwei Parametern bestimmt werden:

- Temperatur des Gesteins
- Wassergehalt des Gesteins

Zunächst wird hierbei anhand der Regression aus Abbildung 6-3 die spezifische Wärmekapazität von lockerem Erdreich mit einem Wassergehalt von 0 % in Abhängigkeit von der Temperatur bestimmt.

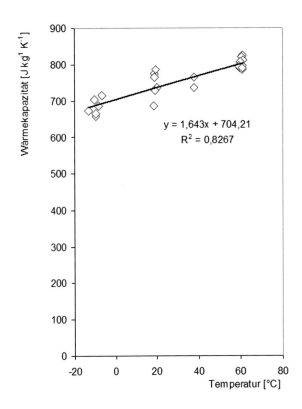

Abb. 6-3 Spezifische Wärmekapazität [J kg^{-1} K^{-1}] von trockenem Boden in Abhängigkeit von der Temperatur (erstellt nach Daten von KERSTEN 1949, vgl. DEHNER et al. 2007)

Die Berechnung der Wärmekapazität erfolgt unter Berücksichtigung des Wassergehaltes nach der folgenden Formel (vgl. SIA 1996):

$$C = (100 \cdot C_s + C_w \cdot w) / (100 + w)$$
$$C \cdot p = C_v$$

C = Wärmekapazität des feuchten Materials pro Masseneinheit [J kg^{-1} K^{-1}]

Cs = spezifische Wärme des trockenen Gesteins [J kg^{-1} K^{-1}]

C_v = volumetrische Wärmekapazität [J kg^{-1} m^{-3}]

C_w = Wärmekapazität von Wasser (= 4.190 J kg^{-1} K^{-1})

w = Wassergehalt in Gew. % des Trockengewichtes

p = Trockenrohdichte [kg m^{-3}]

Beispiel für die Berechnung der volumetrischen Wärmekapazität eines Lössbodens für die Heizperiode Oktober bis April:

C_s = 717 J kg -1 K-1, C = 1.411 J kg -1 K-1, Cv = 2,046 MJ m-3 K-1

mit folgenden Annahmen:

- Durchschnittstemperatur in der Heizperiode von Oktober bis April ~ 8 °C
- Trockenrohdichte ~ 1,45 g cm-3 entsprechend 1.450 kg m-3
- Wassergehalt (Löss = 36 Vol. %, entsprechend 25 Gew. %).

Der Wassergehalt in Böden zeigt im Jahresverlauf erhebliche Schwankungen. Er wird neben den Niederschlägen v. a. durch die Lage im Relief (Zufuhr von Grund- und Hangwasser) und die Oberflächenbedeckung beeinflusst. Dies bedeutet, dass neben der reinen Betrachtung des texturabhängigen Bodenwassergehaltes auch die hydrologischen Standorteigenschaften von Bedeutung sind.

Eine praktikable Möglichkeit für die Berücksichtigung der Bodenfeuchte ist die Betrachtung definierter Wassergehalte, die aus bodenphysikalischen Untersuchungen abgeleitet werden können. Grundlage hierfür sind textur- und dichtespezifische Bodenwassergehalte der Boden-kundlichen Kartieranleitung (Ad-hoc-AG Boden 2005, Tab.70, S. 344). Diese gelten grund-sätzlich für den Feinboden (Fraktion kleiner als 2 mm) und somit für skelettfreie Substrate. Sind in einem Boden Gesteinsfragmente der Fraktion größer als 2 mm vorhanden, müssen die Wassergehalte entsprechend der Volumenanteile des Grobbodens verringert werden (vgl. Ad-hoc-AG Boden 1994).

6

Abbildung 6-4 zeigt eine Darstellung auf der Basis des Korngrößendiagramms der Bodenkundlichen Kartieranleitung für unterschiedliche Dichteklassen. Es wird deutlich, dass die volumetrische Wärmekapazität mit steigender Dichte zunimmt. Dies ist insofern bemerkenswert, dass
dicht gelagerte Böden auf Grund ihres geringeren Porenvolumens weniger Wasser aufnehmen
können. Dieser Effekt wird aber offensichtlich durch die größere Masse der Festsubstanz über-
kompensiert.

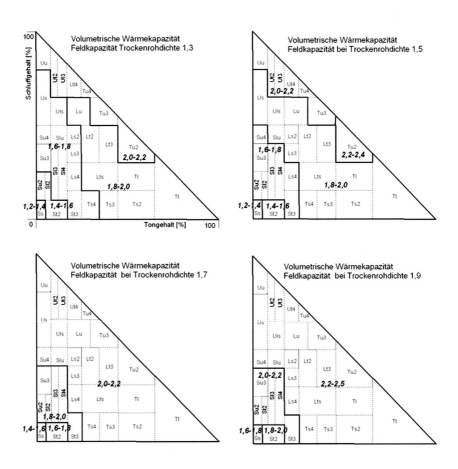

Abb. 6-4 Ableitung der volumetrischen Wärmekapazität (Angaben in MJ m^{-3} K^{-1}) für feuchte
Bedingungen (Feldkapazität) auf der Basis des Korngrößendiagramms der bodenkundlichen
Kartieranleitung (Dehner et al. 2007)

6.5 Wärmeleitfähigkeit

Die Wärmeleitfähigkeit bzw. thermische Leitfähigkeit (λ) ist das Vermögen einer Substanz (Festkörper, Flüssigkeit oder Gas) thermische Energie in Form von Wärme zu transportieren. Sie gibt an, welche Energiemenge pro Sekunde durch einen Körper fließt, der die Querschnittsfläche von 1 m^2 und die Länge von 1 m hat, wenn die Temperaturdifferenz zwischen beiden Seiten 1 K beträgt. Die Wärmeleitfähigkeit wird in W m^{-1} K^{-1} angegeben (W =Watt).

Entsprechend ihrer mehrphasigen Zusammensetzung erfolgt der Wärmetransport in Böden entweder innerhalb des Korngerüstes, über Wassermenisken zwischen Einzelkörnern oder in Form von latenter Wärme durch Wasserdampftransport (vgl. Abb. 6-5).

Tabelle 6.2 zeigt die Wärmeleitfähigkeiten verschiedener Bodenmaterialien. Auch hier wird die Bedeutung des Wassers deutlich, dass die Wärme in fester Form besser leitet als in flüssigem Zustand.

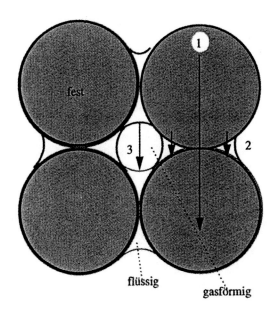

1: Wärmeleitung im Korngerüst

2: Wärmeleitung im Wassermeniskus

3: Transport latenter Wärme durch
    Wasserdampftransport

Abb. 6-5 Wärmetransport in Böden (Bachmann 1997)

6

Tabelle 6.2 Thermische Leitfähigkeit von Bodenmaterialien (Bachmann 2005)

Substanz	λ [W m^{-1} K^{-1}]
Quarz	8,8
Tonminerale	2,92
Organische Substanz	0,25
Wasser	0,57
Luft	0,025
Eis	2,18

Die Berechnung der Wärmeleitfähigkeit von Böden ist insofern problematisch, da diese aus einem Gemisch von Luft, Wasser und festen Bestandteilen bestehen. Je nach Lagerung der Partikel und den Phasenübergängen des Wassers wird die Energie als fühlbare Wärme oder latente Wärme transportiert (vgl. Abb. 6-5). Weiterhin besteht eine enge Beziehung zwischen Wärmeleitfähigkeit und Temperatur (Bachmann 2005). Böden sind nach SIA (1996) grundsätzlich gute Wärmespeicher aber schlechte Wärmeleiter.

Auf Basis der Kornverteilung in Böden können jedoch grundsätzliche Aussagen über die Wärmeleitfähigkeit gemacht werden (Bachmann 2005). In Böden der mittleren Breiten erhöht sich der Anteil des gut Wärme leitenden Minerals Quarz mit zunehmender Vergröberung des Korns etwa bis zur Grenze Mittelsand/Grobsand, wohingegen Böden mit hohem Tonanteil und niedrigeren Quarzgehalten geringere Leitfähigkeiten haben.

Abbildung 6-6 zeigt den Einfluss des Wassers auf die Wärmeleitfähigkeit von Böden unterschiedlicher Textur. Grundsätzlich steigt die Wärmeleitfähigkeit mit zunehmendem Wassergehalt. Besonders deutlich wird dies für den Sand und das obwohl die Wärmeleitfähigkeit des Wassers geringer ist als die des Quarzes (vgl. Tab. 6.2).

Der höhere Wassergehalt führt hier zur Bildung von Wassermenisken und damit zu einer Erhöhung der Kontaktflächen zwischen den Einzelkörnern (Bachmann 2005). Dieser Effekt ist in tonigerem Material geringer ausgeprägt, da hier die Wärmeübertragung vorwiegend innerhalb des Korngerüstes erfolgt.

Nach Untersuchungen von Ochsner et al. (2001) bestehen enge Zusammenhänge zwischen der thermischen Leitfähigkeit und dem Luftgehalt von Böden. Die Autoren untersuchten Böden unterschiedlicher Textur und variierten die Wassergehalte. Da jedoch das Wasser die Luft aus den Poren verdrängt, sind die Luftgehalte wiederum eng mit den Wassergehalten korreliert, so dass beide Größen nicht isoliert betrachtet werden können.

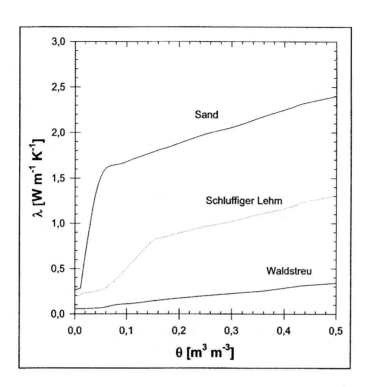

Abb. 6-6 Typische Leitfähigkeitsfunktionen für Sand, schluffigen Lehm und organisches Aufla-
gematerial in Abhängigkeit vom volumetrischen Wassergehalt (θ = Volumenanteil Wasser, 0 <=
θ <=1) (Bachmann 2005)

6.6 Abschätzung der Wärmeleitfähigkeit für mineralische Böden

Da thermische Messungen an Böden nur einen momentanen Zustand erfassen und außerdem
sehr aufwändig sind, wurden von verschiedenen Autoren Modelle entwickelt, mit deren Hilfe
über die Kenntnis einfacher messtechnischer Größen die thermische Leitfähigkeit von Böden
berechnet werden kann.

Einen Überblick bieten Bachmann (2005), Farouki (1986) sowie Sanner (1992). Tabelle 6.3
enthält eine Gegenüberstellung verschiedener Modelle und deren Parameterbedarf. Gemeinsam
ist allen Ansätzen, dass die Leitfähigkeiten im Wesentlichen durch die Dichte und den Wassergehalt determiniert sind. Je nach Autor werden weitere Größen für die Modellierung berücksichtigt.

6

Bei dem Modell von de Vries handelt es sich um einen komplexen Ansatz, der neben der mineralischen Zusammensetzung des Bodens auch die geometrische Form der Mineralkörner berücksichtigt. Dieses Modell wird häufig als Referenz für die Überprüfung von thermischen Messungen in Böden verwendet (vgl. Ochsner et al. 2001).

Tabelle 6.3 Verbreitete Modelle zur Bestimmung der thermischen Leitfähigkeit von Böden und ihre Eingangsparameter

Modelle	Parameterbedarf	Datenverfügbarkeit	Statistischer Fehler	Temperaturbereich
DE VRIES (1963)	Wassergehalt, Anteile und Leitfähigkeiten der wesentlichen Bodenbestandteile (Humus, Quarz, Tonminerale), Kornform	Einzelparameter sind mit Ausnahme des Humusgehaltes i. d. R. nicht in Bodendatenbanken verfügbar	10 %	k.A.
JOHANSEN (1975), CÔTÉ & KONRAD (2005, 2006)* LU et al. (2007)	Porosität, Trockenrohdichte, Sättigungsgrad, Quarzgehalt, Leitfähigkeit der Festsubstanz	Porosität und Trockendichte aus Bodendaten ableitbar, nicht jedoch Quarzgehalt	k. A.	gefrorene und ungefrorene Verhältnisse
KERSTEN (1949)	Wassergehalt, Dichte, Korngröße	Dichte und Korngröße über Bodendatenbanken verfügbar, Wassergehalt kann korngrößenspezifisch abgeleitet werden	25 %	gefrorene und ungefrorene Verhältnisse

Für das Modell von Johansen (1975) werden die Wassersättigung und die thermische Leitfähigkeit der Festsubstanz benötigt. Auf Grund seiner hohen thermischen Leitfähigkeit ist insbesondere der Quarzgehalt von Bedeutung, der aus mineralogischen Untersuchungen abgeleitet werden muss. In jüngerer Zeit haben Lu et al. (2007) sowie Côté & Konrad (2005, 2006) eine Weiterentwicklung des Ansatzes von Johansen geliefert.

Das Modell von Kersten (1949) wurde auf der Basis einer umfangreichen empirischen Studie entwickelt. Kersten stellte fest, dass die thermische Leitfähigkeit von Böden über die Kenntnis von Trockenrohdichte und Feuchte abgeleitet werden kann. Er teilte sein Probenkollektiv in zwei Gruppen (sandige, grobkörnige Böden und feinkörnige, tonig-schluffige Böden), für die er Gleichungen in gefrorenem und ungefrorenem Zustand formulierte. Der statistische Fehler liegt bei 25 %. Der Schweizer Ingenieur- und Architektenverein nutzt das Kersten-Modell für die Planung von Erdkollektoranlagen, da es sich um ein einfaches und praktikables Verfahren handelt (vgl. SIA 1986). Darüber hinaus findet es auch in geoökologischen Modellen (Jansson & Karlberg 2004) sowie in ingenieurgeologischen Untersuchungen (Côté & Konrad 2005) Verwendung. Die Praktikabilität des Modells liegt vor allem in den leicht verfügbaren Eingangsparametern begründet, da Dichte, Wassergehalt und Korngrößenverteilung mit einfachen bodenkundlichen Feld- bzw. Labormethoden ermittelt werden können. Darüber hinaus sind diese Parameter mit Ausnahme des Wassergehaltes aus Bodenkarten und -datenbanken verfügbar.

Über die Betrachtung der Wassergehalte bei Feldkapazität können mit Hilfe der Gleichungen von Kersten, analog zur Wärmekapazität, Eckwerte für die thermische Leitfähigkeit feuchter Böden berechnet und auf der Basis des Korngrößendiagramms dargestellt werden (vgl. Abb. 6-7).

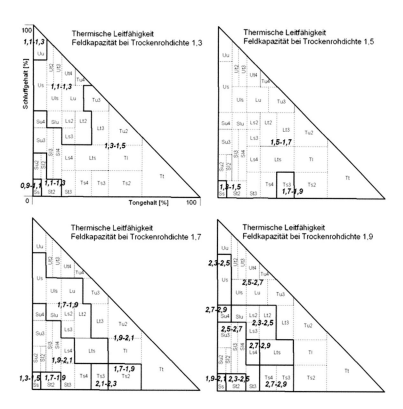

Abb. 6-7 Ableitung der thermischen Leitfähigkeit (Angaben in W m-1 K-1) für feuchte Bedingungen (Feldkapazität) unter der Verwendung der Formeln von Kersten (1949) (Dehner et al. 2007)

6

Deutlich wird das Ansteigen der thermischen Leitfähigkeit mit der Lagerungsdichte. Reine Sande haben auf Grund ihres geringen Wasserspeicherungsvermögens die niedrigste Wärmeleitfähigkeit. Jedoch führen schon geringe Beimengungen an Ton und Schluff zu einer deutlichen Verstärkung des Wärmeflusses. Sand-Ton-Gemische haben die höchsten thermischen Leitfähigkeiten.

6.7 Abschätzung der Wärmeleitfähigkeit für Böden aus organischer Substanz (Torfe)

Aus Tabelle 6.2 geht hervor, dass die organische Substanz mit 0,25 W m^{-1} K^{-1} gegenüber mineralischen Bodenbestandteilen eine stark verminderte thermische Leitfähigkeit besitzt. Daher muss für die Berechnung der Wärmeleitfähigkeit von Torfen eine andere Formel als für mineralische Böden verwendet werden. Die entsprechenden Angaben stammen von Côté & Konrad (2006), nach denen Abbildung 6-8 erstellt wurde. Zugrunde liegt ein Torf mit der Dichte von 270 kg/m^3 und einem Porenvolumen von 78 %.

Gleichung von Côté & Konrad (2006) für ungefrorenen Torf:

$$\lambda_{\text{Torf, feucht}} = (0{,}23 \cdot S_r + 0{,}06) / (1 - (0{,}40 \cdot S^r))$$
$$S_r = \text{Wassersättigung} \ (\ 0 <= S_r <= 1)$$

Demnach kann die thermische Leitfähigkeit von Torfen als Funktion der Sättigung des Porenraumes mit Wasser dargestellt werden. Bei einer Sättigung von 1 ist der gesamte Porenraum mit Wasser gefüllt, was eine maximale Leitfähigkeit von ca. 0,5 W m^{-1} K^{-1} ergibt.

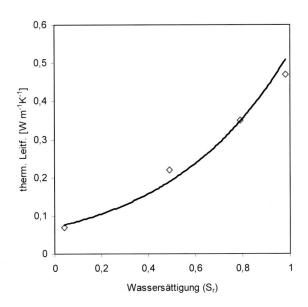

Abb. 6-8 Thermische Leitfähigkeit von organischer Substanz als Funktion der Wassersättigung (erstellt nach Daten von Côté & Konrad 2006 vgl. Dehner et al. 2007)

6.8 Einbau der Kollektoren

Durch das Abheben der Deckschichten und den Wiedereinbau der Erdkollektoren kommt es zu einer Änderung der physikalischen Bodeneigenschaften. Damit die natürlichen Standortbedingungen erhalten bleiben, ist folgendes zu beachten.

- Der humose Oberboden sollte getrennt gelagert und eingebaut werden.
- Beim Wiederverfüllen ist eine zu starke Verdichtung des Bodens zu vermeiden. Insbesondere schluffiges Bodenmaterial (z. B. Löß) wird beim Befahren in zu feuchtem Zustand durch das Gewicht und die Vibration der Maschinen bis in größere Tiefen verdichtet. Daher sollte bei den Erdarbeiten auf trockenen Bodenzustand geachtet werden

Eine Verdichtung des Bodenmaterials führt zwar zu einer Erhöhung der thermischen Leitfähigkeit, gleichzeitig sinken aber Luftkapazität und nutzbare Feldkapazität, so dass der Boden als Pflanzenstandort seine Eignung verliert. Trockenrohdichten über $1,7$ g/cm^3 kommen in natürlich gelagerten Böden nur selten vor, z. B. in Stauwasserböden (Pseudogleyen) oder dicht gelagerten Geschiebelehmen vor. Schätzwerte zu Luft- und Wasserkapazitäten liefert der Schätzrahmen der bodenkundlichen Karteiranleitung (Ad-hoc-AG Boden 2005).

6.9 Zusammenfassung

Mittels einfacher Feldmethoden können die Größenordnungen für thermische Parameter von Böden abgeschätzt werden. Erforderlich ist die Bestimmung der Dichte, der Bodenart sowie des Wasser- und Steingehaltes. Weiterführende Informationen liefert der Geobericht 5: Erstellung von Planungsgrundlagen für die Nutzung von Erdkollektoren, der über die Homepages des niedersächsischen Landesamtes für Bergbau, Energie und Geologie heruntergeladen werden kann. Der Einbau von Erdkollektoren ist mit Eingriffen in den Boden verbunden. Zur Wiederherstellung der natürlichen Standortbedingungen sollten zu starke Verdichtungen vermieden werden.

6.10 Ausblick

Seit ca. 2010 ist ein Handmessgerät der Fa. Decagon auf dem Markt, mit dem die thermischen Eigenschaften von Böden vor Ort gemessen werden können. Zukünftige Untersuchungen des Landesamtes für Geologie und Bergbau Rheinland-Pfalz sollen zeigen in wie fern Messergebnisse und Modelle übereinstimmen.

Autor

Dr. Ulrich Dehner

Landesamt für Geologie und Bergbau

Rheinland-Pfalz

Emy-Roeder-Straße 5

55129 Mainz-Hechtsheim

Literatur

Ad-hoc-AG Boden (1994): Bodenkundliche Kartieranleitung. 4. Aufl. Hannover.

Ad-hoc-AG Boden (2005): Bodenkundliche Kartieranleitung. 5. Aufl. Hannover.

Bachmann, J. (1997): Wärmefluss und Wärmehaushalt. In: Blume et al. Handbuch des Bodenschutzes. 3. Erg. Lfg. 11/97. Ecomed. Landsberg/Lech.

Bachmann, J. (2005): Thermisches Verhalten der Böden. In: Blume et al. Handbuch des Bodenschutzes. 22. Erg. Lfg. 08/05. Ecomed. Landsberg/Lech.

Côté, J & J.-M. Konrad (2005): Thermal Conductivity of Base-Course Materials. Can. Geotech. J. 42: 61-78.

Côté, J & J.-M. Konrad (2006): Estimating the Thermal Conductivity of Pavement Granular Materials and Subgrade Soils. (http://www.mdt.mt.gov/research/docs/trb_cd/Files/06-0117.pdf).

Dehner, U., Müller, U. & J. Schneider (2007): Erstellung von Planungsgrundlagen für die Nutzung von Erdkollektoren. GeoBerichte 5. Hannover. (http://www.lbeg.niedersachsen.de/).

De Vries, D.A. (1963): Thermal Property of Soils. In: Van Wijk, W.R. (ed.): Physics of plant environment. S. 210-235. North Holland Publishing Company. Amsterdam.

de Vries, D.A. (1975): Heat Transfer in Soils. In: de Vries, D.A. & N.H. Afgan (ed.): Heat and Mass Transfer in the Biosphere. Pp.5-28. Scripta Book Co., Washington, DC.

Farouki, O.T. (1986): Thermal Properties of Soils. Series on Rock and Soil Mechanics Vol. 11. Transtech Publications. Clausthal-Zellerfeld.

Hartge, K.H & R. Horn (1999): Einführung in die Bodenphysik. 3. Aufl. Stuttgart.

Jansson, P-E & L. Karlberg (2001): Coupled Heat and Mass Transfer Model for Soil-Plant-Atmosphere Systems. Royal Institute of Technology, Dept of Civil and Environmental Engineering, Stockholm. (ftp://ftp.wsl.ch/pub/waldner/CoupModel.pdf).

Johansen, O. (1975): Thermal Conductivity of Soils. Ph.D. thesis. Trondheim. Norway.

Kersten, M.S. (1949): Thermal Properties of Soils. Bull. No. 28. University of Minnesota, Institute of Technology, Experiment station. University of Minnesota.

Lu, S., Ren, T. Gong, Y & R. Horton (2007): An improved Model for Prediction Soil Thermal Conductivity from Water Content at Room Temperature. Soil Sci. Soc. Am. J. 71: 8-14.

Ochsner, T.E., Horton, R. & T. Ren (2001): A new Perspective on Soil Thermal Properties. Soil Sci. Soc. Am. J. 65: 1641-1647.

Salomone, L.A. & J.I. Marlowe (1989): Soil and Rock Classification for the Design of Ground-Coupled Heat Pump Systems, Field Manual. International Ground Source Heat Pump Association. Stillwater, Oklahoma.

Sanner, B (1992): Erdgekoppelte Wärmepumpen – Geschichte, Systeme, Auslegung, Installation. IZW-Berichte 2/92. Karlsruhe.

Sanner, B. (2005): Potentiale und Möglichkeiten der Erdwärmenutzung: Oberflächennahe Geothermie, Klimatisierung, Energiespeicherung.

(http://www.ubeg.de/Downloads/downloads.html)

SIA (1996): Grundlagen zur Nutzung der untiefen Erdwärme für Heizsysteme. (= SIA Dokumentation D 0136). Schweizer Ingenieur- und Architektenverein. Zürich.

VDI, Verein Deutscher Ingenieure (2001): VDI-Richtlinie 4640, Blatt2, Thermische Nutzung des Untergrundes – Erdgekoppelte Wärmepumpenanlagen.

Zimmermann, M. (2003): Konzeption und Planung von erdverlegten Luftansaug-Kanälen und Luftansaugerdregistern. SIA (2003): Energie aus dem Untergrund – Erdspeicher für die moderne Gebäudetechnik: S. 69-77. SIA-Dokumentation D 0179. Schweizer Ingenieur- und Architektenverein. Zürich.

7 Sachwortverzeichnis

W

Wärme

    -abgabe 32

    -kapazität 71 f.

      - spezifische 70

    -leitfähigkeit 47, 75 f.

    -transport 41, 75

    -quelle instationäre 46

Wärmepumpe 62, 64

Wechselstromvorhaben 10

Wiederverfüllung 81

Wurzelraum 53

Z

Zwei-Grad-Ziel 61

Printed in the United States
By Bookmasters